Actualización del reglamento de seguridad contra incendios en establecimientos industriales. SEAD227PO

Roberto Pérez Huguet

ic editorial

Actualización del reglamento de seguridad contra incendios en establecimientos industriales. SEAD227PO
© Roberto Pérez Huguet

1ª Edición

© IC Editorial, 2025

Editado por: IC Editorial
c/ Cueva de Viera, 2, Local 3
Centro Negocios CADI
29200 Antequera (Málaga)
Teléfono: 952 70 60 04
Fax: 952 84 55 03
Correo electrónico: iceditorial@iceditorial.com
Internet: www.iceditorial.com

ISBN: 979-13-7027-088-9
Depósito Legal: MA 1903-2025

Impresión: PODiPrint
Impreso en Andalucía – España

Nota de la editorial: IC Editorial pertenece a Innovación y Cualificación S. L.

Especialidad formativa

Se entiende por especialidad formativa la agrupación de contenidos, competencias profesionales y especificaciones técnicas que responde a un conjunto de actividades de trabajo enmarcadas en una fase del proceso de producción y con funciones afines.

Las especialidades formativas de Uso General, Formación Complementaria, Formación Modular y las especialidades formativas dirigidas a la obtención de certificados de profesionalidad se incluyen en el Fichero de Especialidades del Servicio Público de Empleo Estatal para su gestión en todo el territorio nacional por cualquier Administración competente.

Las especialidades complementarias, pertenecen todas a la Familia profesional de Formación Complementaria (FCO) y tienen la consideración de formación transversal en áreas que se consideran prioritarias tanto en el marco de la Estrategia Europea para el Empleo y del Sistema Nacional de Empleo como en las directrices establecidas por la Unión Europea. Se consideran áreas prioritarias las relativas a tecnologías de la información y la comunicación, la prevención de riesgos laborales, la sensibilización en medio ambiente, la promoción de la igualdad, la orientación profesional y aquellas otras que se establezcan por la Administración competente.

Las especialidades de Certificado de profesionalidad tienen una duración especificada en su normativa reguladora.

En el resultado de la búsqueda, se muestran las unidades de competencia, todos los módulos formativos con su duración y las unidades formativas del certificado correspondiente, con su duración. Las horas del certificado, exclusivo de las especialidades de certificado de profesionalidad, con alta igual o superior a 2008, son las horas totales más las horas del módulo de Prácticas Profesionales no Laborales.

- **Si la especialidad tiene unidades formativas,** las horas totales, presencial, distancia, teleformación serán igual a la suma de esas horas de las unidades formativas de los distintos módulos, sin que se repita ninguna Unidad formativa.

⮳ **Si la especialidad no tiene unidades formativas,** las horas totales, presencial, distancia, teleformación serán igual a las sumas de esas horas de
los módulos formativos, eliminando las horas de los módulos repetidos.

https://sede.sepe.gob.es/especialidadesformativas/RXBuscadorEFRED/
BusquedaEspecialidades.do

(Fuente: Servicio Público de Empleo Estatal)

Índice

OBJETIVOS GENERALES

Los objetivos generales del **SEAD227PO. Actualización del reglamento de seguridad contra incendios en establecimientos industriales,** son los siguientes:

- Actualizar los conocimientos referidos al Reglamento de Seguridad contra incendios, Real Decreto 164/2025, de 4 de marzo, para ajustarse a lo establecido en el Real Decreto 560/2010, de 7 de mayo, conocer y analizar las implicaciones técnicas de la terminología usada en el reglamento, así como los criterios técnicos utilizados en los que se basa.
- Analizar el Real Decreto 164/2025 como base para la seguridad contra incendios en los establecimientos industriales.
- Establecer el grado de cumplimiento de las condiciones mínimas que deben llevar a cabo los establecimientos industriales para asegurar el acceso de los equipos de extinción de incendios.
- Describir las exigencias de los materiales constructivos que conforman los establecimientos industriales.
- Analizar las exigencias de los distintos tipos de protección, activa y pasiva, que deben respetarse en los establecimientos industriales.
- Conocer las exigencias mínimas que se deben aplicar en las instalaciones contra incendios para ejecutar su mantenimiento conforme a la normativa vigente en las instalaciones industriales.
- Aplicar los conceptos teóricos aprendidos en distintos casos prácticos en los que se incorporan los conceptos y procedimientos que se deben tener en cuenta en la seguridad contra incendios en los establecimientos industriales.

Presentación y estructura del reglamento

Contenido

Objetivos

El objetivo general de esta Unidad de Aprendizaje es:

→ Analizar el Real Decreto 164/2025 como base para la seguridad contra incendios en los establecimientos industriales.

Los objetivos específicos de esta Unidad de Aprendizaje son:

→ Conocer el Real Decreto 164/2025, de 4 de marzo, por el que se aprueba el Reglamento de seguridad contra incendios en los establecimientos industriales.

→ Definir el objeto y los ámbitos de aplicación del Real Decreto 164/2025.

→ Conocer los aspectos fundamentales del real decreto.

→ Relacionar los capítulos con el articulado del reglamento.

1. Introducción

La mayoría de las instalaciones industriales y domésticas se rigen por distintos reglamentos dependiendo del tipo de instalación a la que hagamos referencia. Estos reglamentos, además de tratar de evitar accidentes, establecen las pautas mínimas de mantenimiento que se deben aplicar a los equipos.

Los distintos reglamentos deben ser conocidos por las personas responsables de los equipos, o, si nos referimos a entornos industriales, por las personas responsables del mantenimiento de los equipos.

Un reglamento no es un manual que se publica y que se entrega con el equipo, sino que es una normativa que se actualiza periódicamente introduciendo cambios, lo que obliga a consultar las modificaciones cada vez que se deba intervenir en una instalación.

Aitor y Lucía son compañeros de trabajo en un organismo de control autorizado. Hasta ahora no realizaban inspecciones sobre la seguridad contra incendios de los establecimientos públicos, pero la empresa quiere comenzar a realizarlas a partir del mes que viene, por lo que tienen que actualizar sus conocimientos acerca de la normativa que es de aplicación.

2. Antecedentes y marco legal

👉 HILO CONDUCTOR

Lo primero que han hecho Aitor y Lucía ha sido ir al Boletín Oficial de Estado y tratar de acceder a la normativa que es de obligado cumplimiento y han encontrado el Real Decreto 164/2025, que hace referencia al Reglamento de seguridad contra incendios en los establecimientos industriales, además de referencias a otras normativas que también deberán tener en cuenta, como el Código Técnico de la Edificación.

El Ministerio de Industria, Turismo y Comercio, en el año 2001, reguló las **condiciones de protección contra incendios en los establecimientos industriales** en cualquiera de los sectores que componen la actividad industrial.

El Reglamento de seguridad contra incendios en los establecimientos industriales aprobado en el año 2001 por el Real Decreto 495/2001, fue declarado nulo por defecto de forma por el Tribunal Supremo, lo que obligó a desarrollar uno nuevo. Este nuevo reglamento se establece a través del **Decreto 2267/2004, de 3 de diciembre, derogado por el Real Decreto 164/2025 de 4 de marzo.**

Legislar la seguridad contra incendios es una obligación, teniendo en cuenta los daños que pueden llegar a producir.

PARA SABER MÁS

Puedes consultar el Real Decreto 164/2025, de 4 de marzo, accediendo aquí:

https://redirectoronline.com/sead227po0107

Además del reglamento, también es de aplicación el **Código Técnico de la Edificación "Seguridad en caso de incendio" (CTE DB-SI),** establecido en el **Real Decreto 314/2006,** en el que quedan recogidas las **exigencias básicas de calidad** que deben cumplir los edificios y sus instalaciones.

IMPORTANTE

La evolución del marco normativo obliga a actualizar y revisar los requisitos normativos establecidos en las diferentes normativas sobre la protección contra incendios. Aunque el presente reglamento establece la normativa básica que deben cumplir los establecimientos industriales, para el resto de los establecimientos y ubicaciones es de aplicación el **Real Decreto 513/2017, de 22 de mayo, por el que se aprueba el Reglamento de instalaciones de protección contra incendios.** Puedes consultar este Real Decreto accediendo aquí:

https://redirectoronline.com/sead227po0102

No podemos olvidarnos de la **Ley de 21/1992, de 16 de julio, de Industria,** que define los aspectos en los que se debe desarrollar la seguridad industrial, estableciendo los instrumentos necesarios para su puesta en marcha.

PARA SABER MÁS

Puedes consultar la Ley de 21/1992, de 16 de julio, accediendo aquí:

https://redirectoronline.com/sead227po0103

 **SABÍAS QUE...**

El Real Decreto 513/2017 se basa en el artículo 149.1.13.ª de la Constitución española.

El Real Decreto 164/2025 tiene como **objeto:**

Establecer los requisitos que deben cumplir los establecimientos industriales en lo relativo a su seguridad en caso de incendio, para prevenir la aparición de incendios y para dar una respuesta adecuada en caso de producirse, estableciendo medidas para facilitar su rápida detección, limitar su propagación y posibilitar su extinción, con el objetivo de minimizar el riesgo de daños a personas, bienes y medioambiente.

La Constitución regula derechos y deberes básicos.

 **IMPORTANTE**

No podemos olvidar que las condiciones que se indican en el reglamento tienen la condición de mínimos exigibles, pudiendo las empresas establecer otros niveles superiores.

---

3. Ámbitos de aplicación

☞ HILO CONDUCTOR

Lucía y Aitor coinciden en que lo primero que deben tener en cuenta es dónde se debe aplicar el reglamento, puesto que seguramente haya establecimientos que tengan una obligación severa, pasando por otros en los que esta obligación sea más laxa, hasta llegar a los que no tienen obligación de implementar este reglamento.

El primer capítulo del reglamento es el que establece el **objeto y el ámbito de aplicación,** es decir, por qué y dónde debe aplicarse. Aunque el real decreto establece que el reglamento deberá aplicarse en los establecimientos industriales, entendiendo como tales a aquellos cuyo uso sea principalmente industrial, considerando uso industrial a:

a. Las **actividades industriales,** definidas en el artículo 3.1 de la Ley 21/1992, de 16 de julio, de Industria.
b. Los **almacenes industriales,** entendiendo como tales a los destinados a ser utilizados bajo una titularidad diferenciada y bajo un régimen no subsidiario, y cuyo uso principal es industrial. Pueden estar formados por uno o varios edificios, partes de los mismos y espacios abiertos
c. Los **talleres de reparación de vehículos.**
d. Los **servicios auxiliares o complementarios** de las actividades comprendidas en los párrafos anteriores.

El reglamento también incorpora en mismo artículo 2, ámbito de aplicación las actividades que quedan excluidas de la aplicación del mismo y que se puede resumir en:

a. Las desarrolladas en establecimientos o instalaciones nucleares y radiactivas.
b. Las de extracción de minerales.
c. Las actividades agrarias y ganaderas.
d. Las instalaciones para usos militares.
e. Las instalaciones de servicio definidas en el artículo 42.1 de la Ley 38/2015, de 29 de septiembre, del sector ferroviario.

IMPORTANTE

El artículo 3.1 de la Ley 21/1992 define como **industria:**

Se consideran industrias, a los efectos de la presente ley, las actividades dirigidas a la obtención, reparación, mantenimiento, transformación o reutilización de productos industriales, el envasado y embalaje, así como el aprovechamiento, recuperación y eliminación de residuos o subproductos, cualquiera que sea la naturaleza de los recursos y procesos técnicos utilizados.

El reglamento se estructura en seis capítulos y cinco anexos, que se corresponden con:

- **Capítulo I.** Disposiciones generales.
- **Capítulo II.** Requisitos que deben satisfacer los establecimientos industriales.
- **Capítulo III.** Construcción, puesta en servicio, funcionamiento y mantenimiento.
- **Capítulo IV.** Inspecciones.
- **Capítulo V.** Actuación en caso de incendio.
- **Capítulo VI.** Régimen sancionador.
- **Anexo I.** Caracterización de los establecimientos industriales.
- **Anexo II.** Requisitos constructivos de los establecimientos industriales.
- **Anexo III.** Requisitos dotacionales de instalaciones de protección activa contra incendios de los establecimientos industriales.
- **Anexo IV.** Zonas con condiciones particulares.
- **Anexo V.** Relación de normas UNE y otras reconocidas internacionalmente.

APLICACIÓN PRÁCTICA

Daniel tiene que ir a realizar una inspección a una cantera de la que extraen minerales. Daniel duda de la obligatoriedad o no de realizar la inspección. ¿Puedes indicarle si debe llevarla a cabo y el motivo por el que debe o no realizarla?

Continúa en página siguiente >>

<< Viene de página anterior

Solución

De acuerdo con el art. 2, quedan exentas del ámbito de aplicación del reglamento las actividades de extracción de minerales.

Por lo tanto, no tiene obligación de realizar la inspección.

---

4. Requisitos administrativos y técnicos

 **HILO CONDUCTOR**

Una vez que Aitor y Lucía tienen claros los establecimientos que deben, o no, someterse a una inspección, es el momento de seguir avanzando hasta el capítulo II del Real Decreto, en el que se establecen las condiciones y requisitos que deben cumplir los establecimientos industriales relacionados con la seguridad contra incendios.

En el **capítulo II** es en el que se establecen las condiciones y requisitos que deben satisfacer los establecimientos industriales en relación con su seguridad contra incendios. Dentro de este capítulo se recogen los artículos donde se especifica la caracterización, las condiciones constructivas y los requisitos de las instalaciones, entre otros.

Los artículos básicos de dicho capítulo son:

- **Artículo 5. Cumplimiento de las prescripciones.** Las disposiciones de este reglamento son el mínimo exigible según la Ley 21/1992. Estos mínimos se pueden cumplir de dos maneras:

  - Cumpliendo completamente con el reglamento.
  - Aplicando técnicas de seguridad equivalentes o diseños alternativos, bajo responsabilidad del proyectista y con aprobación del titular del establecimiento, documentando que se cumplen las exigencias básicas del artículo 6.1.

En caso de insuficiente justificación del cumplimiento reglamentario, la autoridad competente podrá requerir más justificaciones o medidas adicionales, incluido el cese temporal de la actividad hasta que se implementen.

◐ **Artículo 6. Exigencias básicas de seguridad en caso de incendio.** Para cumplir con los objetivos del presente reglamento, los establecimientos industriales serán diseñados, construidos, mantenidos y utilizados de manera que se cumplan las siguientes exigencias básicas:

- Propagación interior: se limitará el riesgo de propagación del incendio por el interior de los establecimientos.
- Propagación exterior: se mitigará el riesgo de propagación del incendio hacia el exterior, incluyendo al propio establecimiento como a otros establecimientos y edificios adyacentes.
- Evacuación de ocupantes: el establecimiento dispondrá de los medios de evacuación adecuados para que los ocupantes puedan abandonarlo o alcanzar un lugar seguro dentro del mismo en condiciones de seguridad.
- Instalaciones de protección contra incendios: el establecimiento dispondrá de equipos e instalaciones adecuados para la detección, control y extinción del incendio, así como para la transmisión de la alarma a los ocupantes.
- Instalaciones de protección contra incendios: el establecimiento dispondrá de los equipos e instalaciones adecuados para hacer posible la detección, el control y la extinción del incendio, así como la transmisión de la alarma a los ocupantes.
- Intervención de los Servicios de Extinción de Incendios y Salvamento: se facilitará la intervención de los equipos de rescate y de extinción de incendios.
- Resistencia estructural al incendio: la estructura portante mantendrá su resistencia al fuego durante el tiempo necesario para cumplir con las anteriores exigencias básicas.

Estas exigencias se desarrollan de acuerdo a las condiciones indicadas en los artículos y anexos del Reglamento.

◐ **Artículo 7. Caracterización.** Los requisitos de seguridad contra incendios en los establecimientos industriales dependerán de la configuración de los edificios y espacios abiertos, del nivel de riesgo intrínseco de sus sectores y de las áreas de incendio, de sus superficies y del tipo de actividad que se realiza, ya sea fabricación o almacenamiento. Se evaluará todo mediante una caracterización de los establecimientos según el anexo I.

◐ **Artículo 8. Requisitos constructivos y determinación de las instalaciones de protección contra incendios necesarias.**

Los establecimientos industriales deberán cumplir con los requisitos constructivos relacionados con su seguridad frente a incendios, según lo establecido en el anexo II y conforme a la caracterización definida en el artículo 7.

Las instalaciones de protección activa contra incendios que deben disponer los establecimientos industriales estarán determinadas en el anexo III, de acuerdo con la caracterización mencionada en el artículo 7.

Además de lo indicado en los apartados anteriores, el anexo IV especifica los requisitos aplicables para casos excepcionales en zonas o partes de establecimientos que, debido a sus características particulares, pueden diferir parcialmente de la caracterización del anexo I o de los requisitos de los anexos II y III, requiriendo consideraciones específicas.

➲ **Artículo 9. Requisitos de los productos de construcción y de las instalaciones de protección contra incendios.** Los productos de construcción utilizados en establecimientos industriales deben tener el marcado CE según el Reglamento (UE) 2024/3110 o, si es aplicable, conforme al Reglamento (UE) 305/2011, así como otros reglamentos y directivas europeas pertinentes.

Los productos sin marcado CE deben cumplir con este reglamento y cualquier otra normativa específica aplicable. Si el producto afecta a la seguridad del establecimiento, deberá contar con informes, certificaciones o documentación técnica correspondiente. El operador y los distribuidores deben proporcionar al destinatario toda la información pertinente sobre el producto, incluyendo su uso previsto, características, prestaciones e instrucciones de seguridad.

Los equipos contra incendios deben cumplir con el Reglamento aprobado por el Real Decreto 513/2017, de 22 de mayo.

Los productos que requieran características específicas o prestaciones mínimas, según su uso, deben incluir dicha información en el proyecto técnico. Durante la construcción, se debe verificar que los productos cumplen con estas características y prestaciones y que están correctamente instalados. Esto debe quedar reflejado en el certificado del artículo 11.1.b).

Para productos con marcado CE conforme a los Reglamentos (UE) 2024/3110 y 305/2011, y otras disposiciones europeas aplicables, se debe revisar la Declaración de Prestaciones y Conformidad del fabricante, junto con las instrucciones de uso y seguridad antes de su instalación.

Para productos sin marcado CE, se debe seguir un procedimiento similar revisando la información y documentación correspondiente.

Hay que hacer una mención especial al **anexo V,** dedicado a la normalización que deben cumplir las instalaciones. El anexo **V** del Real Decreto recoge un listado de normativas UNE que son de obligado cumplimiento, entre las que se encuentran:

- **UNE-ISO 23932:2017.** Ingeniería de seguridad contra incendios. Principios generales.
- **UNE-ISO 16733-1:2017.** Selección de escenarios de fuego de diseño y fuegos de diseño. Parte 1: Selección de escenarios de fuego de diseño.
- **UNE 192005:2014.** Procedimiento para la inspección reglamentaria. Seguridad contra incendios en los establecimientos industriales.
- **UNE-EN 13501-2:2019.** Clasificación de los productos de construcción y de los elementos constructivos en función de su comportamiento ante el fuego. Parte 2. Clasificación a partir de datos obtenidos en los ensayos de resistencia al fuego excluidas las instalaciones de ventilación.
- **UNE-EN 3-7:2004+A1:2008.** Extintores portátiles de incendios. Parte 7. Características, requisitos de funcionamiento y métodos de ensayo.
- **UNE-EN 12845:2016+A1:2021.** Sistemas fijos de lucha contra incendios. Sistemas de rociadores automáticos. Diseño, instalación y mantenimiento.
- **UNE 23500:2021.** Sistemas de abastecimiento de agua contra incendios.
- **UNE 23585:2017.** Seguridad contra incendios. Sistemas de control de temperatura y evacuación de humos (SCTEH). Requisitos y métodos de cálculo y diseño para proyector un sistema de control de temperatura y de evacuación de humos en caso de incendio.
- **UNE-EN ISO 7010:2020.** Símbolos gráficos. Colores y señales de seguridad. Señales de seguridad registradas (ISO 7010:2019, Versión corregida 2020-06) (Ratificada por la Asociación Española de Normalización en mayo de 2020).

 ## SABÍAS QUE...

Puedes consultar toda la normativa UNE y su vigencia desde la página web del organismo de normalización española, al que podrás acceder desde aquí:

https://redirectoronline.com/sead227po0104

ACTIVIDAD COMPLEMENTARIA

1. Investiga acerca de las distintas normas UNE que hacen referencia a los sistemas de lucha contra incendios. Selecciona un mínimo de diez normas distintas (no se deben tener en cuenta las distintas partes que componen una norma).

5. Figuras intervinientes, responsabilidades y sanciones

HILO CONDUCTOR

Lucía y Aitor no pensaban que debían tener en cuenta la normativa UNE, así que han decidido tomarse un respiro. Mientras descansaban, han comentado que echan de menos una descripción de las distintas tipologías de empresas instaladoras, mantenedoras, así como sus responsabilidades y las sanciones en caso de que no realicen correctamente las inspecciones o mantenimientos periódicos de las instalaciones contra incendios.

El Real Decreto 164/2025 no hace referencia directa a las figuras intervinientes y sus responsabilidades, sino que establece que las infracciones a lo dispuesto en este reglamento se clasificarán y sancionarán de acuerdo con lo dispuesto en el título V de la Ley 21/1992, de 16 de julio, de Industria, sin perjuicio de las responsabilidades y sanciones que, en su caso, puedan corresponder en el caso de incumplimientos con incidencia en materia de prevención de riesgos laborales, que serán sancionados conforme a lo previsto en la sección 2.ª del capítulo II del texto refundido de la Ley sobre infracciones y sanciones en el orden social, aprobado por el Real Decreto Legislativo 5/2000, de 4 de agosto.

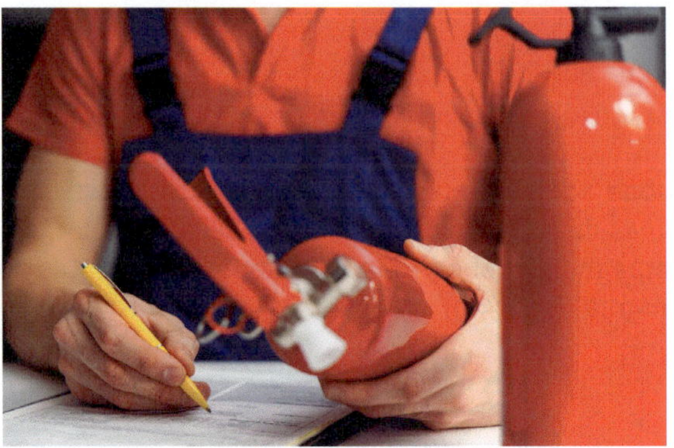

El mantenimiento de los equipos contra incendios es una tarea importante si se quiere evitar una sanción.

Podemos encontrar una especificación acerca de las figuras intervinientes en el artículo 3 del Real Decreto 513/2017, de 22 de mayo, por el que se aprueba el Reglamento de instalaciones de protección contra incendios.

En dicho reglamento podemos encontrar las siguientes figuras:

- **Organismos habilitados para la evaluación técnica:** personal que realiza la evaluación de los requisitos básicos, evaluación del control de fábrica y las actividades de monitoreo anual para el control de la producción de la fábrica relacionadas con el uso previsto.
- **Empresa instaladora:** entidad que realice una o más de las siguientes actividades, según lo indicado en el proyecto o documento técnico y sujeto a las condiciones establecidas en este reglamento:

  - Ubicar y/o instalar equipos y/o sistemas de protección activa contra incendios.
  - Colocar señales, balizas y/o planes de evacuación para sistemas de señalización luminosa.

- **Empresa mantenedora:** entidad que realiza las operaciones de mantenimiento de equipos y/o sistemas activos de protección contra incendios en las condiciones establecidas en este reglamento.

6. Inspecciones periódicas

HILO CONDUCTOR

Aitor y Lucía vuelven a leer el capítulo que hace referencia a las inspecciones periódicas, puesto que es lo que deben cuidar para evitar posibles sanciones posteriores. Dentro del capítulo IV, artículo 13, se establecen las condiciones de las inspecciones, la periodicidad y las inspecciones especiales, trabajos todos ellos que pueden llevar a cabo Lucía y Aitor.

Otra condición que regula el reglamento son las **inspecciones periódicas,** a las que les dedica el capítulo IV.

Dentro de este capítulo se establece que corresponde a los titulares de los establecimientos industriales a los que les sea de aplicación este reglamento la revisión de las instalaciones por un organismo de control autorizado.

NOTA

Los organismos de control autorizados se regulan mediante el Real Decreto 2200/1995, de 28 de diciembre, por el que se aprueba el Reglamento de la infraestructura para la calidad y la seguridad industrial.

Los organismos de control certifican que la instalación cumple la normativa vigente aplicable a la instalación.

Los organismos de control autorizados pueden basarse en la norma **UNE 192005:2014,** que establece el procedimiento para la inspección reglamentaria de la seguridad contra incendios en los establecimientos industriales:

- Dentro de las inspecciones, se comprobarán, entre otros, los siguientes aspectos:
- No hay cambios ni ampliaciones de la actividad.
- Continuar manteniendo el tipo de instalación, sectores y/o áreas de incendio y los riesgos inherentes a cada uno.
- Que los sistemas de protección contra incendios siguen siendo los exigidos y que se realizan las operaciones de mantenimiento conforme a lo recogido en el apéndice 2 del Reglamento de instalaciones de protección contra incendios, aprobado por el Real Decreto 1942/1993, de 5 de noviembre.
- Los controles deben, además de verificar el estado de los parámetros anteriores, comprobar la adecuación de las medidas de protección para:

  - Zonificación (tabiques, puertas, portones, sellos, etc.).
  - Estructura (protección de estructuras portantes).
  - Evacuación (rutas y salidas).
  - Equipos e instalaciones contra incendios (eficacia y cumplimiento de la normativa) en lo referente a:

    - Disposición/cobertura.
    - Parámetros de diseño.
    - Ajuste del agente extintor al tipo de riesgo.
    - Estado operativo, verificar que se hayan realizado las inspecciones debidas.

PARA SABER MÁS

Puedes acceder a la página de la **Entidad Nacional de Acreditación (ENAC)** y ampliar la información acerca de los organismos de control, desde aquí:

Continúa en página siguiente >>

<< Viene de página anterior

https://redirectoronline.com/sead227po0105

La periodicidad con la que se deben evaluar las instalaciones industriales depende de su grado de riesgo intrínseco:

De cada una de las inspecciones que se lleven a cabo se levantará un acta, que firmará el **técnico competente** del organismo de control que ha realizado la inspección, además del titular o técnico de la instalación industrial, a los que se les hará entrega de una copia que deberán conservar como justificante de que se ha llevado a cabo la inspección.

En el caso de que se detecten anomalías, en dicha acta se establecerá un período para que se ejecuten las medidas correctoras oportunas.

PARA SABER MÁS

Puedes descargar la guía técnica de aplicación del Reglamento de seguridad contra incendios accediendo aquí:

Continúa en página siguiente >>

<< Viene de página anterior

https://redirectoronline.com/sead227po0106

TAREA 1

Eva va a tener que consultar constantemente el Real Decreto 164/2025 para su trabajo, así que ha decidido hacer un breve resumen en el que relacionará los capítulos con su articulado y la temática que trata cada uno de ellos, para posteriormente guardarlo y poder consultar más rápidamente la temática de cada uno.

¿Puedes ayudarla a hacer dicho resumen de capítulos, artículos y contenido de cada uno de ellos?

---

7. Resumen

El Reglamento de seguridad contra incendios en los establecimientos industriales se establece a través del Real Decreto 164/2025, de 4 de marzo.

En los edificios y sus instalaciones es de aplicación el Código Técnico de la Edificación "Seguridad en caso de incendio" (CTE DB-SI), establecido en el Real Decreto 314/200, además del Reglamento de seguridad contra incendios en los establecimientos industriales.

El reglamento se estructura en seis capítulos y cinco anexos, siendo el primero el que establece el objeto y el ámbito de aplicación, incluyendo una relación de instalaciones en las que no es obligatoria la aplicación del reglamento.

El anexo V establece la normativa que deben cumplir las instalaciones, incorporando normativa UNE que es de obligado cumplimiento y que evoluciona con el paso del tiempo, lo que implica que esté actualizada constantemente.

Aunque el Real Decreto 164/2025 no hace referencia directa a las figuras intervinientes y sus responsabilidades, sí que indica la normativa que se aplica en lo que se refiere a las infracciones y sanciones.

Un asunto al que se le dedica todo un capítulo es a las inspecciones, y quién puede y debe realizarlas, estableciendo las condiciones de estas.

Ejercicios de autoevaluación
Unidad de Aprendizaje 1

1. Si hacemos referencia a un reglamento, estamos hablando de...

    a. ... un libro que se entrega con el equipo.
    b. ... un manual sobre el que nos debemos examinar para poder trabajar con el equipo.
    c. ... una normativa que se actualiza periódicamente.
    d. ... un libro donde se apuntan las incidencias con el equipo.

2. Las condiciones de protección contra incendios en los establecimientos industriales se regularon inicialmente en el año...

    a. ... 2006.
    b. ... 1999.
    c. ... 2004.
    d. ... 2001.

3. El real decreto que regula la seguridad contra incendios en los establecimientos industriales es:

    a. 1156/2001
    b. 513/2018
    c. 495/2001
    d. 164/2025.

4. Además del real decreto que regula la seguridad contra incendios en los establecimientos industriales, también es de aplicación...

    a. ... la Ley Básica sobre Materiales y Elementos Constructivos.
    b. ... el Código Técnico de la Edificación.
    c. ... la Ley de Empresas Inspectoras de Instalaciones.
    d. Todas las opciones son incorrectas.

5. El Real Decreto 513/2017 se basa en...

    a. ... la Ley de Seguridad en las Instalaciones Industriales.
    b. ... la Constitución española.

c. ... la Ley de Seguridad de Equipos.

d. ... la Ley de Prevención de Riesgos.

6. Las condiciones que se indican en el 164/2025 tienen la condición de...

a. ... máximas, y no se pueden aumentar sin permiso de un organismo de control autorizado.

b. ... mínimas, y se pueden aumentar dependiendo del tipo de industria, sin necesidad de informe de un organismo de control autorizado.

c. ... máximas, pero se pueden aumentar dependiendo del tipo de industria si hay un informa de un organismo de control autorizado.

d. ... mínimas, y para aumentarlas debe establecerlo un organismo de control autorizado.

7. ¿Cuál de las siguientes opciones no se corresponde con una clasificación de las instalaciones industriales establecidas en el Real Decreto 164/2025 ?

a. Establecimientos de almacenamiento.

b. Establecimientos con riesgo especial.

c. Establecimientos sin riesgo.

d. Todas las opciones son incorrectas.

8. El reglamento se estructura en...

a. ... cinco capítulos y cinco anexos.

b. ... seis capítulos y cinco anexos.

c. ... cinco capítulos y seis anexos.

d. ... tres capítulos y cinco anexos.

9. Las condiciones y requisitos que deben cumplir los establecimientos industriales relacionadas con la seguridad contra incendios se establecen en...

a. ... el capítulo I y el anexo III.

b. ... el capítulo III y el anexo II.

c. ... el capítulo IV y el anexo V.

d. ... el capítulo II y el anexo I.

10. **La figura encargada de ubicar e instalar equipos o sistemas de protección activa contra incendios es:**

    a. El organismo de control autorizado.
    b. La empresa que ha realizado el proyecto.
    c. La empresa mantenedora.
    d. La empresa instaladora.

Caracterización de los establecimientos

Contenido

Objetivos

El objetivo general de esta Unidad de Aprendizaje es:

→ Establecer el grado de cumplimiento de las condiciones mínimas que deben llevar a cabo los establecimientos industriales para asegurar el acceso de los equipos de extinción de incendios.

Los objetivos específicos de esta Unidad de Aprendizaje son:

→ Conocer las características de ubicación y construcción de las zonas industriales.

→ Identificar el nivel de riesgo según las características del edificio.

→ Comparar el Real Decreto 164/2025 y la exigencia básica SI 5 del Documento Básico (DB-SI).

1. Introducción

Una condición que no debemos olvidar son las reglas que deben respetarse en los edificios para cumplir las exigencias básicas de seguridad en caso de incendio.

Aunque el desarrollo urbanístico está regulado por las autoridades locales, que establecen las condiciones para tratar de facilitar la intervención de los equipos de extinción, el Real Decreto 164/2025 establece las condiciones mínimas que deben tenerse en cuenta en el diseño y construcción de los edificios para que los equipos de lucha contra incendios puedan proceder a su extinción.

Aitor y Lucía tendrán ahora que clasificar los distintos establecimientos industriales de acuerdo con las características constructivas, con su configuración y con el nivel de riesgo intrínseco establecido acorde al tipo de actividad que llevan a cabo.

2. Configuración y ubicación

👉 **HILO CONDUCTOR**

Aitor le pregunta a Lucía acerca del método de clasificación de los edificios, puesto que considera que no todos se pueden clasificar de la misma manera. Lucía le responde que los establecimientos industriales no se clasifican igual que los edificios, por lo que son de aplicación normativas distintas que guardan similitudes en aspectos que intervienen en ambos casos.

Como hemos comentado en la unidad anterior, la seguridad en caso de incendio no se establece en una única norma, sino que se regula en distintas normativas dependiendo del tipo de instalación.

Mientras que para los establecimientos industriales se aplica el Real Decreto 164/2025, para los edificios de viviendas se aplica el **Código Técnico de la Edificación,** de acuerdo con el Real Decreto 314/2006, que, en su **artículo 11,** regula las exigencias básicas de seguridad en caso de incendio.

La seguridad de las instalaciones contra incendios debe tenerse en cuenta en las fases de construcción, uso y mantenimiento de estas.

 ## PARA SABER MÁS

Puedes consultar la normativa a través de los siguientes enlaces.

Real Decreto 164/2025	**Real Decreto 314/2006**

https://redirectoronline.com/sead227po0208

https://redirectoronline.com/sead227po0202

Estas exigencias las resume el art. 11 del Real Decreto 314/2006, de 17 de marzo, en los siguientes objetivos:

1. *Tratar de reducir el riesgo de que los usuarios de un edificio sufran daños derivados de un incendio de origen accidental o como consecuencia de las características de su proyecto, construcción, uso y mantenimiento.*
2. *Los edificios se proyectarán, construirán, mantendrán y utilizarán de forma que, en caso de incendio, se cumplan las exigencias básicas que se establecen en los apartados de dicha norma.*

3. *Especificar parámetros, objetivos y procedimientos para asegurar el cumplimiento de los requisitos básicos de seguridad en caso de incendio con excepción de los edificios de uso industrial a los que será de aplicación el Reglamento de seguridad contra incendios en los establecimientos industriales.*

 ## PARA SABER MÁS

Puedes acceder a los vídeos de la Jornada sobre Cambios Reglamentarios en el Código Técnico de la Edificación que llevó a cabo el Ministerio de Transportes, Movilidad y Agenda Urbana desde aquí.

https://redirectoronline.com/sead227po0203

Este documento se organiza en **seis exigencias básicas,** que corresponden a:

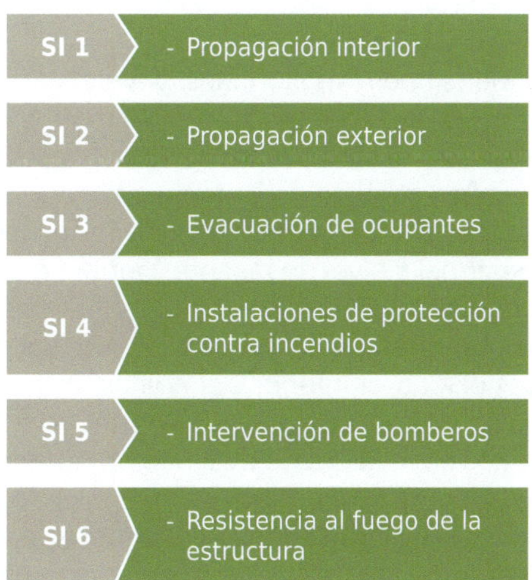

IMPORTANTE

El Real Decreto 164/2025, al igual que la exigencia básica SI 5, regula las condiciones que deben cumplirse para asegurar que los equipos de extinción puedan llevar a cabo su trabajo de una manera adecuada, de forma que los daños que se produzcan sean los menores posibles.

Dentro del anexo II del Real Decreto 164/2025 se recogen, entre otros, los siguientes requisitos:

- **Fachadas accesibles.** Se consideran fachadas accesibles de un edificio, o establecimiento industrial, aquellas que dispongan de huecos que permitan el acceso desde el exterior al personal de los Servicios de Extinción de Incendios y Salvamento, debiendo dichos huecos cumplir las condiciones señaladas en la sección 4, apartado 2 del anexo II.
Los huecos de la fachada deberán cumplir las condiciones siguientes:
Las fachadas deben tener la condición de fachada accesible, debiendo permitir al personal del SEIS tanto acceder hasta ella como acceder a través de ella al interior del edificio.
Para que una fachada se considere accesible debe disponer de huecos que permitan el acceso desde el exterior al personal del SEIS. Dichos huecos deben cumplir las condiciones siguientes:

   a. Facilitar el acceso a cada una de las plantas del edifico, de forma que la altura del alféizar respecto del nivel de la planta a que se accede no supere los 1,20 metros.
   b. Sus dimensiones horizontales y verticales deben ser respectivamente, al menos, 0,80 metros y 1,20 metros. La distancia máxima entre los ejes verticales de dos huecos consecutivos no debe exceder de 25 metros, medida sobre fachada.
   c. En la planta baja, al menos uno de los accesos debe permitir el acceso peatonal a nivel de rasante y tener una dimensión vertical de, al menos, 2 metros.
   d. No se deben instalar en fachada elementos que impidan o dificulten la accesibilidad al interior del edificio a través de dichos huecos, a excepción de los elementos de seguridad situados en los huecos de las plantas cuya altura de evacuación no exceda de 9 metros.

La localización y las dimensiones de las fachadas accesibles deben diseñarse de manera que permitan una intervención ágil y segura del personal del SEIS en la totalidad del edificio.

La longitud de la fachada accesible no debe ser inferior al 15 % del perímetro de la planta del edificio.

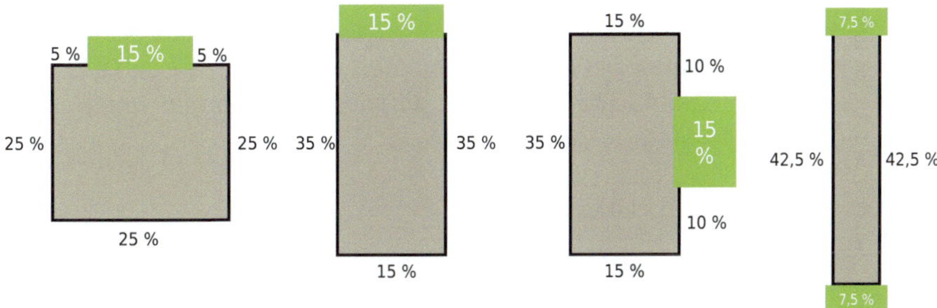

Ejemplos de localización y dimensiones mínimas (en porcentaje) de las fachadas accesibles en edificios de planta cuadrada y rectangular. Fuente: BOE

● **Condiciones del entorno de los edificios.** Los edificios con una superficie ocupada en planta superior a 1.000 m² o con una altura de evacuación descendente mayor que 9 metros, deben disponer de un espacio de maniobra apto para el paso y emplazamiento de vehículos del SEIS que cumpla las siguientes condiciones a lo largo de las fachadas en las que estén situados los accesos:

1. Anchura mínima libre: 6 m
2. Altura libre: la del edificio
3. Separación máxima del edificio: 15 m
4. Distancia máxima hasta cualquier acceso principal al edificio: 30 m
5. Pendiente máxima: 10 %
6. Resistencia al punzonamiento del suelo: 100 kN sobre 20 cm Ø.

El espacio de maniobra se debe mantener libre de mobiliario urbano, arbolado, jardines, mojones u otros obstáculos.

Si el edificio está equipado con columna seca, debe haber acceso para un vehículo autobomba del SEIS a menos de 18 metros de cada punto de conexión a la misma. El punto de conexión será visible desde el vehículo.

 **PARA SABER MÁS**

El Ministerio de Industria, Comercio y Turismo tiene publicada la guía técnica de aplicación sobre el Reglamento de seguridad contra incendios en los establecimientos industriales, donde, además de la normativa, se incorporan recomendaciones y actualizaciones.

Puedes acceder a ella desde aquí:

https://redirectoronline.com/sead227po0204

En las vías de acceso sin salida de más de 20 metros de largo se dispondrá de un espacio suficiente para la maniobra de un vehículo del SEIS que permita el cambio de sentido del vehículo. Este espacio de maniobra podrá consistir en una zona circular de radio igual o mayor a 9 metros, o bien, emplear otras soluciones análogas.

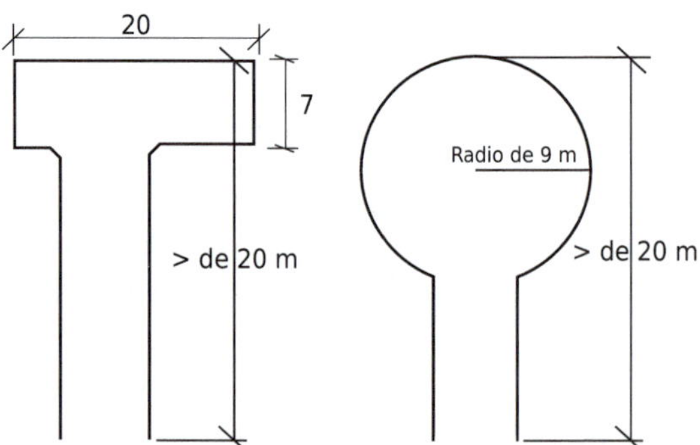

Ejemplos de distintas formas de espacios de maniobra en vías de acceso sin salida. Fuente: BOE.

En las zonas edificadas limítrofes o interiores a áreas forestales se atenderá a lo dispuesto en el Real Decreto 893/2013, de 15 de noviembre, por el que se aprueba la Directriz básica de planificación de protección civil de emergencia por incendios forestales, así como a los planes locales y al resto de legislación específica que pueda existir:

1. Debe haber una separación entre las zonas forestal y edificada de al menos 25 m de ancho sin que dentro de ella pueda existir vegetación de cualquier tipo. Además, debe incluir un camino perimetral de 5 m de anchura, zona forestal, sin arbustos ni vegetación que pueda propagar el fuego desde la zona forestal, y un camino perimetral de 5 m.
2. A la zona urbanizada se debe poder acceder por dos vías independientes, para que, en caso de que una se encuentre ocupada, se pueda acceder por la otra.
3. Si solo es posible acceder por una única vía, esta debe acabar en una zona circular cuyo radio será como mínimo de 12,5 m. A esta zona se la denomina fondo de saco y trata de garantizar que las maniobras de los medios y equipos de lucha contra el fuego sean lo más eficaces y rápidas posible.

Fondo de saco circular en polígono industrial

RECUERDA

El R. D. 164/2025 regula la seguridad contra incendios en los establecimientos industriales y el R. D. 314/2006 aprueba el Código Técnico de la Edificación, que regula la seguridad contra incendios en los edificios.

TAREA 2

Sara necesita realizar una comparativa entre el Real Decreto 164/2025 y la exigencia básica SI 5 del Documento Básico (DB-SI) en lo que se refiere al acceso de los equipos de extinción de incendios a los establecimientos industriales y a los edificios.

¿Puedes ayudarla a hacer dicha comparativa?

3. Riesgos inherentes a los establecimientos industriales

HILO CONDUCTOR

Una vez que Lucía y Aitor han analizado las distintas normativas para garantizar la seguridad contra incendios en edificios e industrias, necesitan analizar las distintas tipologías de establecimientos industriales que se desarrollan en el Reglamento de seguridad contra incendios en los establecimientos industriales, para posteriormente conocer los riesgos inherentes al tipo de instalación.

Los riesgos inherentes a los establecimientos industriales se regulan en el **anexo I del Real Decreto 164/2025,** donde se referencia la caracterización de los establecimientos industriales en relación con la seguridad contra incendios.

Los riesgos inherentes son aquellos que se asocian con la actividad laboral.

DEFINICIÓN

Establecimiento

El primer punto del anexo I del Real Decreto 164/2025 clasifica los edificios y los espacios abiertos según su configuración, estableciendo que:

Los establecimientos industriales pueden estar formados por uno o varios edificios, partes de los mismos y espacios abiertos. Estos se clasificarán en función de su configuración teniendo en cuenta los factores relativos a su situación, ubicación y entorno.

De esta forma cada edificio y cada espacio abierto pertenecerá a un tipo de configuración diferente:

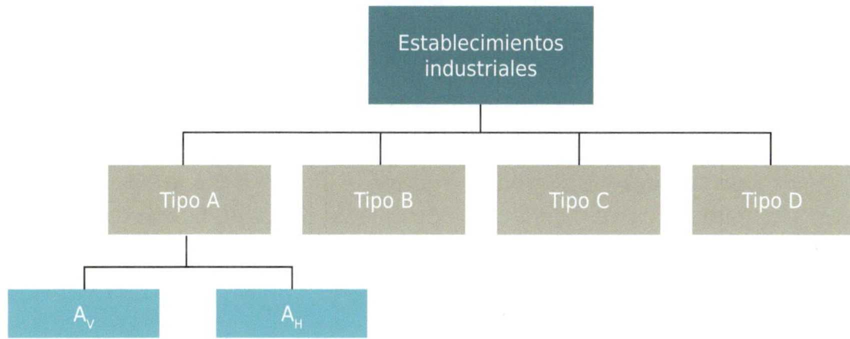

Donde las tipologías son las siguientes:

- **Tipo A:** establecimientos industriales que, además de ocupar parcialmente un edificio, disponen de otros establecimientos industriales o de otros usos.

  Dentro de la configuración tipo A, en función de la parte del edificio ocupada por el establecimiento, se diferenciará entre los tipos A_H o A_V, según sea la separación, horizontal o vertical, de dicho establecimiento con el resto de los establecimientos del edificio.

Tipo A

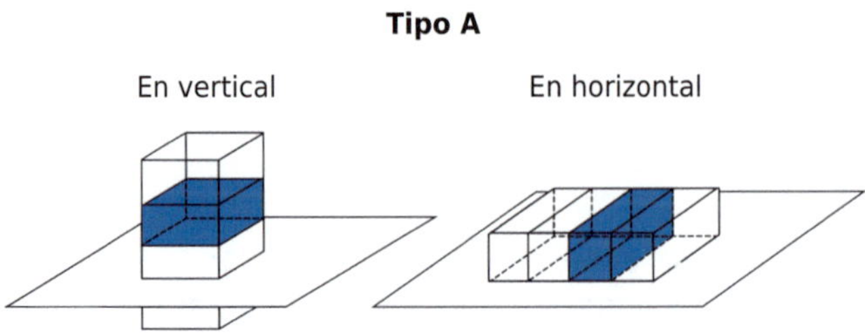

○ **Tipo B:** este establecimiento industrial ocupa totalmente un edificio adosado a otros independientemente del uso al que se destine, o cuya distancia del edificio más próximo sea menor que 3 m.

Tipo B

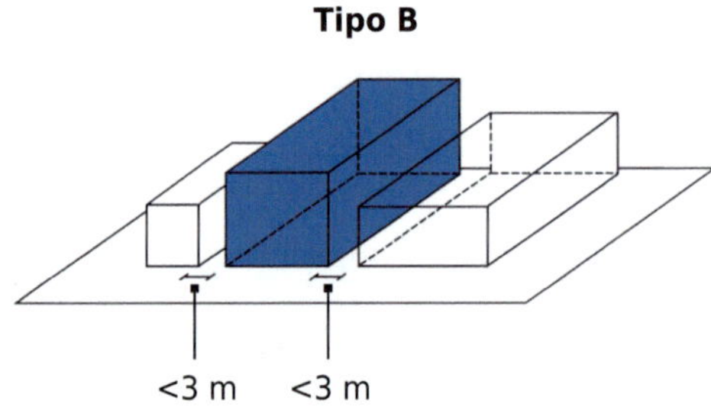

○ **Tipo C:** establecimiento que ocupa la totalidad de uno o varios edificios guardando una separación con el resto de los edificios superior a 3 m.

Tipo C

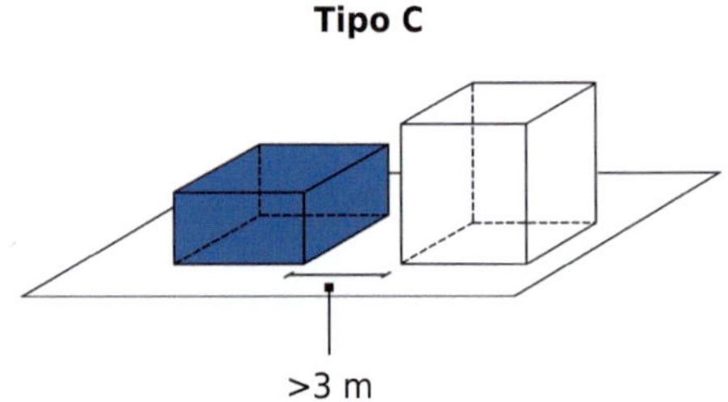

○ **Tipo D:** establecimiento que ocupa un espacio abierto. Este espacio abierto puede estar descubierto, o cubierto por estructuras que carezcan total o parcialmente de cerramientos laterales. Si el espacio tiene zonas cubiertas, debe disponer de aberturas laterales.

Tipo D

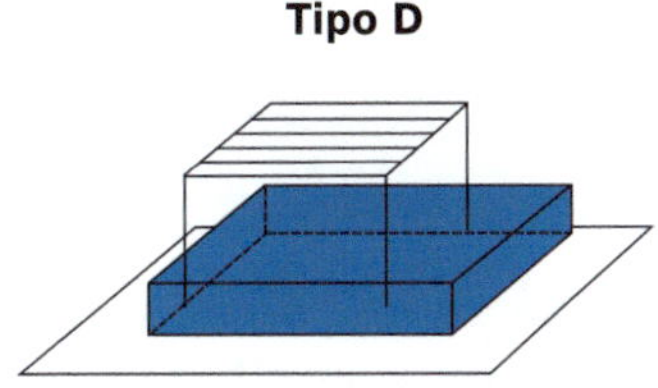

En el caso de que un establecimiento industrial no se ajuste a las características de ninguno de los tipos anteriormente descritos, consideraremos que pertenece al tipo similar con el que tenga mayores coincidencias.

VÍDEO

Puedes acceder a un vídeo de la Universidad Politécnica de Valencia, donde se explican los distintos tipos de establecimientos industriales que se definen en el Real Decreto 164/2025, desde aquí:

https://redirectoronline.com/sead227po0205

APLICACIÓN PRÁCTICA

Mara está estableciendo los riesgos inherentes a un desguace de vehículos. Una vez que accede a las instalaciones de la empresa, se encuentra que los límites de esta están rodeados por un muro de 3 m de altura, y el acceso a la empresa se realiza a través de una puerta corredera. Dentro de dicha superficie, se encuentra una nave industrial donde se ubican las oficinas y la tienda de repuestos en la que venden

Continúa en página siguiente >>

<< Viene de página anterior

a los clientes y empresas que los visitan. Esta nave industrial, según ha medido Mara, cubre un 40 % de la superficie total de la empresa.

Según los datos observados, ¿cuál sería el tipo de establecimiento industrial en el que se debe clasificar el desguace?

Solución

Se trata de un establecimiento de tipo D.

El tipo D es aquel que ocupa un espacio abierto.

4. Nivel de riesgo intrínseco

👉 HILO CONDUCTOR

Lucía y Aitor han trabajado con las distintas tipologías que establece el Real Decreto 164/2025, por lo que deben seguir avanzando en el cálculo del nivel de riesgo intrínseco, que será el encargado de clasificar el nivel de riesgo asumible para una empresa, teniendo en cuenta su superficie, su utilización y la altura.

Las instalaciones industriales están constituidas por cualquiera de las tipologías vistas en el punto anterior, lo que establece que cada tipología tiene un nivel de riesgo intrínseco que analiza la probabilidad de que suceda un incendio.

Un factor determinante del nivel de seguridad y protección que debe aplicarse en un establecimiento industrial es el denominado **riesgo intrínseco.**

La carga térmica es un indicador muy utilizado en los incendios forestales.

El riesgo intrínseco tiene su origen en la **carga térmica,** que hace referencia a la cantidad de combustible por metro cuadrado expresada en calorías, o el calor que se despenderá por metro cuadrado en caso de incendio.

DEFINICIÓN

Carga térmica
Poder calorífico por metro cuadrado.

La carga térmica nos ayuda a establecer el riesgo de la propagación del fuego. No se trata de la posibilidad de que se inicie el fuego porque únicamente valora el **poder calorífico de los materiales.**

SABÍAS QUE...

La evaluación del riesgo intrínseco se recogía en la primera norma básica de la edificación, la NBE-CPI-82, que no se incorporó a las versiones de los años 91 y

Continúa en página siguiente >>

<< Viene de página anterior

96, pero que ha vuelto a usarse en el Reglamento de seguridad contra incendios para los establecimientos industriales.

Atendiendo al nivel de riesgo intrínseco y al tipo de establecimiento se determinan las **ubicaciones no permitidas de un sector de incendio.**

En la siguiente tabla se ha realizado un resumen de estas, así como sus excepciones.

Configuración	Riesgo intrínseco					
	Bajo		Medio		Alto	
	b/ rasante	s/rasante	b/ rasante	s/rasante	b/ rasante	s/rasante
Tipo A	Según el caso (1)	No permitido	No permitido	Según el caso (1 - 2)	No permitido	No permitido
Tipo B			Según el caso (4)		Según el caso (4 - 5)	Según el caso (3 - 4 - 5)
Tipo C	Sin restricciones					
Tipo D	Sin restricciones					

(1) *NO permitida cuando la altura de evacuación es superior a 15 m.*
(2) *NO permitida cuando la longitud de fachada accesible es inferior a 5 m.*
(3) *NO permitida cuando la altura de evacuación descendente es superior a 15 m.*
(4) *NO permitida cuando la longitud de fachada accesible es inferior a 7 m.*
(5) *NO permitida cuando el nivel de riesgo intrínseco es alto, nivel 8.*
Además, no se permite la ubicación de sectores de incendio de cualquier riesgo en segunda planta bajo rasante para configuraciones de tipo A, B y C.

El riesgo de un edificio se determina atendiendo a **su uso, su superficie construida y su altura.** En función de estos parámetros se determina el **nivel de protección general** que precisa.

Los **locales y zonas de riesgo especial** se catalogarán de acuerdo con su **uso, superficie y volumen,** atendiendo a los criterios del Código Técnico de la Edificación, que establece tres niveles de riesgo distintos:

➲ Bajo

- Depósitos de basura y residuos, con una superficie entre 5 y 15 m^2.
- Archivo de documentos y de papel con un volumen entre 100 y 200 m^3.
- Taller de mantenimiento y similares con un volumen entre 100 y 200 m^3.
- Almacén de elementos combustibles con un volumen entre 100 y 200 m^3.
- Garaje con una superficie inferior a 100 m^2.

➲ Medio

- Depósitos de basuras y residuos con superficie entre 15 y 30 m^2.
- Archivos de documentos y papeles con un volumen entre 200 y 400 m^3.
- Taller de mantenimiento o similares con un volumen entre 200 y 400 m^3.
- Almacenes de elementos combustibles con volumen entre 200 y 400 m^3.
- Cocinas con una potencia instalada comprendida entre 30 y 50 kW
- Lavanderías, vestuarios y camerinos con una superficie entre 100 y 200 m^2.
- Sala de calderas con potencia útil comprendida entre 200 y 600 kW
- Sala de maquinaria frigorífica si el refrigerante es amoniaco y con una potencia superior a 400 kW si el refrigerante es halogenado.
- Almacén de combustible sólido para la calefacción.
- Centros de transformación con aislamiento mediante dieléctrico cuyo punto de inflamación no supere los 300 °C y cuya potencia total esté comprendida entre 2.520 y 4.000 kVA o en alguno de los transformadores su potencia esté comprendida entre 630 kVA y 1.000 kVA.
- Imprentas, reprografías, etc., con un volumen entre 200 y 500 m^3.

➲ Alto

- Almacenes de residuos cuya superficie sea mayor de 30 m^2.
- Talleres de mantenimiento y similares, con un volumen superior a los 400 m^3.
- Almacenes de elementos combustibles con volumen superior a los 400 m^3.
- Cocinas con una potencia instalada superior a 50 kW.
- Lavanderías, vestuarios o camerinos con una superficie superior a 200 m^2.
- Centros de transformación con aislamiento mediante dieléctrico cuyo punto de inflamación no supere los 300 °C y cuya potencia total

sea mayor que 4.000 kVA o mayor que 1.000 KVA en cualquiera de los transformadores.

- Imprentas, reprografías y similares con un volumen superior a 500 m^3.

PARA SABER MÁS

En la Nota Técnica 36 (NTP-36: Riesgo Intrínseco de incendio) puedes ampliar los aspectos básicos para evaluar el riesgo de incendio en industrias y almacenes.

Puedes acceder a la nota técnica desde aquí.

https://redirectoronline.com/sead227po0206

Las dependencias o cuartos técnicos que alberguen instalaciones reguladas por normativas específicas deben cumplir estas, además de clasificarse como **locales de riesgo especial.**

Entre otros encontramos:

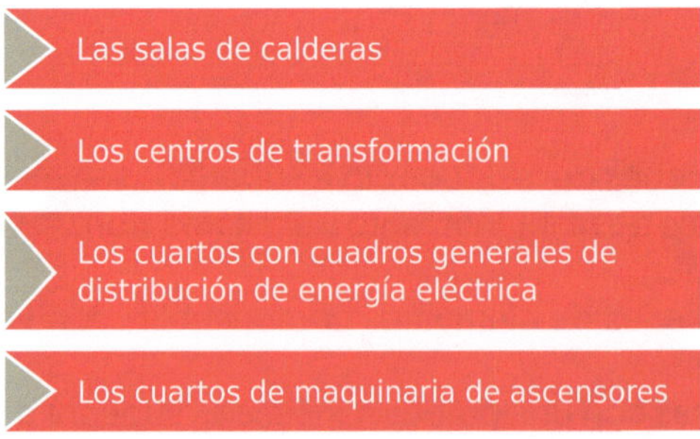

Continúa en página siguiente >>

<< Viene de página anterior

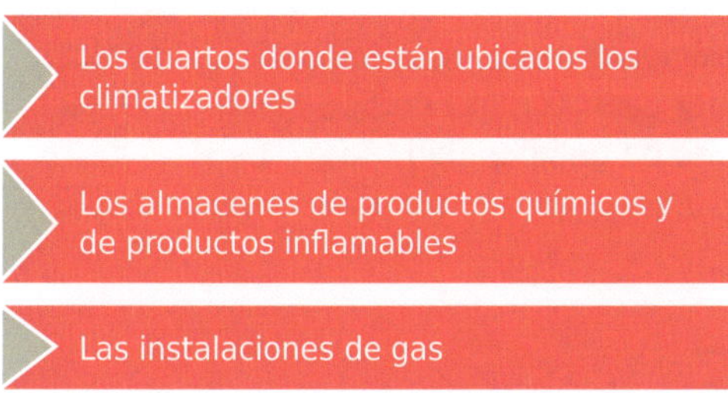

PARA SABER MÁS

En la página del Instituto Nacional de Seguridad y Salud en el Trabajo (INSST) tienes disponible una calculadora para calcular el nivel de riesgo intrínseco en establecimientos industriales. Puedes acceder a ella a través del siguiente enlace.

https://redirectoronline.com/sead227po0207

ACTIVIDAD COMPLEMENTARIA

2. Utiliza la calculadora del Instituto de Seguridad y Salud en el Trabajo para calcular el riesgo intrínseco de una empresa con las siguientes características:

   - El cálculo debe hacerse atendiendo a la actividad que se desarrolla, teniendo en cuenta que es un sector industrial para la fabricación y venta (tipo 2).
   - La empresa se dedica a la reparación de aparatos eléctricos.
   - Ocupa una superficie de 78 m².

Continúa en página siguiente >>

<< Viene de página anterior

- Un coeficiente de combustibilidad (Ci) medio.
- Un poder calorífico (qi) de 500 MJ/kg o 120 Mcal/kg.
- Un grado de peligrosidad (Ra) = 1

5. Resumen

El Real Decreto 164/2025 establece las condiciones mínimas que deben tenerse en cuenta en el diseño y construcción de los edificios para que los equipos de lucha contra incendios puedan proceder a su extinción cuando se trata de establecimientos industriales.

Para los edificios que no se consideren establecimientos industriales, hay que aplicar el Documento Básico de Seguridad en caso de Incendio establecido en el Real Decreto 314/2006.

Uno de los elementos que hay que tener en cuenta del Documento Básico son las exigencias básicas que se establecen. Para el campo que nos ocupa, estamos hablando de las exigencias básicas de seguridad en caso de incendio (SI) y, más concretamente, de la SI 5, que se refiere a la intervención de los equipos contra incendios.

Las exigencias básicas son:

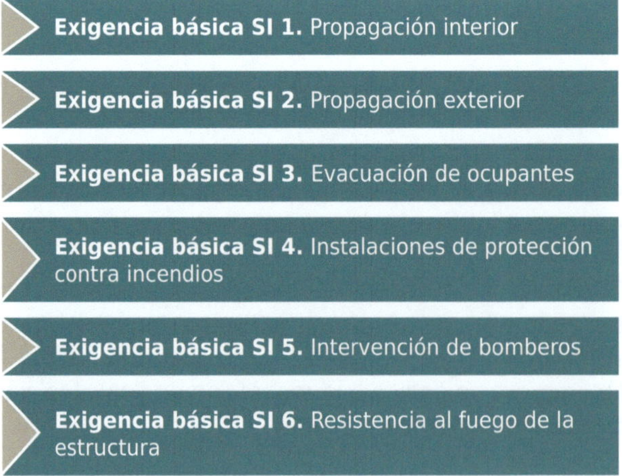

El Real Decreto 164/2025 organiza los distintos tipos de establecimientos industriales de acuerdo con la seguridad contra incendios de estos.

El riesgo intrínseco podemos definirlo como la cantidad de combustible por metro cuadrado expresada en calorías, o el calor que se despenderá por metro cuadrado en caso de incendio.

De acuerdo con el riesgo intrínseco, podemos clasificar los niveles de riesgo en:

Dentro del grupo de locales de riesgo especial, podemos encontrar:

Ejercicios de autoevaluación
Unidad de Aprendizaje 2

1. En los edificios que no son considerados establecimientos industriales contra incendios se aplicará...

    a. ... la normativa de seguridad estructural.
    b. ... la normativa de prevención de riesgos laborales.
    c. ... el Código Técnico de la Edificación.
    d. Todas las opciones son correctas.

2. ¿Cuál de los siguientes objetivos se persigue empleando las exigencias básicas de seguridad en caso de incendio?

    a. Reducir a límites aceptables el riego de incendio.
    b. Se proyectarán, se construirán, se mantendrán y se utilizarán cumpliendo las exigencias básicas.
    c. Se especificarán los objetivos y procedimientos para cumplir los requisitos básicos de seguridad.
    d. Todas las opciones son correctas.

3. Las exigencias básicas que regulan la seguridad en caso de incendio se establecen en...

    a. ... el artículo 12 del Código Técnico de la Edificación.
    b. ... el artículo 12 del Real Decreto 314/2006.
    c. ... el artículo 15 del Código Técnico de la Edificación.
    d. ... el artículo 11 del Real Decreto 314/2006.

4. Los requisitos contra incendios no hacen referencia a...

    a. ... las fachadas accesibles.
    b. ... los métodos de extinción.
    c. ... el entorno de los edificios.
    d. ... las proximidades de los edificios.

5. Aquellas edificaciones que se encuentren dentro de áreas forestales deberán...

    a. ... guardar una distancia de 15 m entre la zona forestal y la edificada.

    b. ... guardar una distancia de 25 m entre la zona forestal y la edificada.

    c. ... guardar una distancia de 50 m entre la zona forestal y la edificada.

    d. ... guardar una distancia de 75 m entre la zona forestal y la edificada.

6. Los riesgos inherentes a los establecimientos industriales se regulan en...

    a. ... el anexo I del Real Decreto 4427/2006.
    b. ... el anexo I del Real Decreto 2267/2006.
    c. ... el anexo V del Real Decreto 2267/2006.
    d. ... el anexo II del Real Decreto 2267/2006.

7. Los establecimientos industriales que ocupan totalmente un edificio y cuya distancia con los contiguos es menor que 3 m se catalogan como...

    a. ... establecimientos de tipo A.
    b. ... establecimientos de tipo B.
    c. ... establecimientos de tipo C.
    d. ... establecimientos de tipo D.

8. El factor determinante del nivel de seguridad y protección es:

    a. La carga de trabajo.
    b. El riesgo intrínseco.
    c. El plan de seguridad y salud.
    d. Todas las opciones son incorrectas.

9. La evaluación del riesgo intrínseco...

    a. ... es un elemento que se debe incorporar en la prevención de riesgos laborales de la empresa.

    b. ... desaparece con la aprobación del Reglamento de seguridad contra incendios para los establecimientos industriales.

    c. ... debe certificarse por organismos de control autorizados o cuerpos de lucha contra incendios.

    d. ... ha sido un concepto recuperado por el Reglamento de seguridad contra incendios para los establecimientos industriales.

10. Los riesgos intrínsecos para ubicaciones de tipo C o D...

    a. ... dependen de la longitud de la fachada accesible.

    b. ... dependen de la altura de evacuación.

    c. ... se pueden clasificar en básicos y altos.

    d. ... no tienen restricciones.

Exigencias de los requisitos constructivos de las industrias

Contenido

Objetivos

El objetivo general de esta Unidad de Aprendizaje es:

→ Describir las exigencias de los materiales constructivos que conforman los establecimientos industriales.

Los objetivos específicos de esta Unidad de Aprendizaje son:

→ Identificar los distintos tipos de materiales constructivos que intervienen en los establecimientos industriales.

→ Distinguir las características y condiciones de utilización de los materiales de construcción.

→ Evaluar la importancia de la resistencia al fuego y los criterios que deben cumplir los materiales.

→ Establecer la correspondencia entre la terminología y el aspecto al que se refiere la resistencia al fuego de los materiales.

1. Introducción

Cuando se construye un edificio residencial o industrial se deben tener en cuenta una serie de condiciones que aseguren, además, que la construcción se desarrolla con seguridad, que esta sea duradera en el tiempo, de forma que, ante la aparición y propagación del fuego o del humo, la evacuación del edificio o de la industria se lleve a cabo bajo unas óptimas condiciones de seguridad que traten de garantizar que no se producen daños personales ni entre las personas ocupantes ni tampoco entre las personas integrantes de los equipos de lucha contra incendios o rescate.

En el dimensionado de un edificio industrial o residencial debe cuidarse la capacidad portante, que se define como la capacidad de la estructura de asegurar la estabilidad del edificio y su fiabilidad a lo largo de su vida útil. Para que la capacidad portante sea adecuada, se deben seleccionar correctamente los materiales de construcción y llevar a cabo una adecuada distribución de los espacios interiores.

Aitor y Lucía son conscientes de que, para la protección contra incendios de los establecimientos industriales, es muy importante la selección adecuada de los materiales constructivos y, sobre todo, la forma que tienen estos de comportarse ante un incendio, por lo que en esta unidad de aprendizaje analizarán la importancia de la creación de sectores contra incendios y los distintos materiales constructivos que se pueden encontrar en un establecimiento industrial.

2. Compartimentación; resistencia al fuego de elementos constructivos

👉 HILO CONDUCTOR

Aitor se ha dado cuenta de que, en las empresas que han visitado últimamente, el acceso a cada una de las dependencias de las industrias dispone de puertas específicas destinadas a compartimentar la instalación, por lo que le sugiere a Lucía que debe revisarse esta compartimentación para tratar de garantizar la seguridad tanto de la instalación como de las personas que se encuentren en su interior en el caso de que se declare un incendio. La compartimentación

Continúa en página siguiente >>

<< Viene de página anterior

ayudará a que el incendio no afecte a otras dependencias, además de garantizar el acceso de los equipos de lucha contra incendios al foco de este.

Los edificios, de acuerdo con su uso, superficie y con la función a la que se destinen se dividen en **sectores de incendios.** Esta compartimentación de los edificios no tiene por qué coincidir con la división del espacio interior en otros más pequeños que cumplan las necesidades organizativas de los establecimientos industriales.

Para lograr estas divisiones, se utilizan tabiques, mamparas y otros materiales que deben asegurar una resistencia al fuego determinada de forma que se evite su propagación entre los distintos habitáculos en caso de que se produzca un incendio.

IMPORTANTE

No debemos olvidar que para la delimitación de los espacios se deben tener en cuenta las paredes, el techo y el suelo.

La compartimentación es obligatoria en edificios industriales y residenciales.

El Código Técnico de la Edificación (CTE) establece en su artículo 11.1. la **exigencia básica de seguridad SI 1** y establece que "se limitará el riesgo de propagación del incendio por el interior del edificio, tanto al mismo edificio como a otros edificios colindantes".

Por lo tanto, podemos establecer que una **correcta compartimentación** se vuelve un elemento importante dentro de la protección pasiva contra incendios, puesto que trata de evitar que el fuego se propague por el resto del edificio, logrando un confinamiento del incendio en el lugar en el que se ha originado.

La compartimentación de un edificio tiene, entre otros, los siguientes objetivos:

Respecto a la misma empresa
- Limitar la propagación del fuego utilizando la compartimentación existente.
- Establecer distintas áreas de forma que un incendio generado en cualquiera de ellas no afecte al resto.
- Evitar que un incendio exterior a dichas áreas penetre en ellas.

Respecto al resto de empresas
- Bloquear la propagación del fuego en el interior de los edificios de la empresa.
- Evitar que posibles fuegos en empresas limítrofes afecten al interior de la empresa.

Todo sector de incendio debe cumplir los siguientes requisitos:

- **Compartimentación entre sectores:** se deben compartimentar completamente las superficies entre sectores teniendo en cuenta paredes, techos, puertas y posibles elementos compartidos entre ellos, como pasillos, etc.
- **Estabilidad o capacidad portante:** la compartimentación entre zonas debe tener una resistencia al fuego que varía entre los 60 y 120 min dependiendo del uso, aunque de forma excepcional podrá llegar a los 180 min.
  Se debe contar con paredes y forjados que aseguren dicha resistencia, así como puertas que estén diseñadas para soportar el incendio.
- **Gases inflamables:** en las zonas no expuestas al fuego se debe garantizar la no emisión de gases inflamables.
- **Puertas cortafuegos:** las puertas cortafuegos deben permanecer cerradas durante el incendio para aislarlo. Para conseguir este objetivo, pueden contar con **resortes cierrapuertas** que retengan las hojas de las

puertas en funcionamiento normal, de forma que, al producirse el incendio, las hojas se suelten con la activación de la alarma contra incendios.

Retenedor electromagnético en puerta contra incendios

- ⮩ **Resistencia térmica:** debe ser la suficiente para soportar las temperaturas que se originan por la cara no expuesta al incendio de acuerdo con las indicadas en la norma UNE correspondiente.

PARA SABER MÁS

Puedes consultar distintas fichas de seguridad contra incendios accediendo aquí:

https://redirectoronline.com/sead227po0301

2.1. La resistencia al fuego de los materiales de construcción

El Código Técnico de la Edificación define la **resistencia al fuego** como:

La capacidad de un elemento de construcción para mantener durante un período de tiempo determinado la función portante que le sea exigible, así como la integridad y/o el aislamiento térmico en los términos especificados en el ensayo normalizado correspondiente.

La resistencia al fuego de un material es una característica exclusiva para cada tipo de material, que varía con el resto de los materiales que se pueden encontrar en su entorno.

 **IMPORTANTE**

Para valorar la resistencia al fuego de un material en un entorno industrial deberemos tener en cuenta el resto de los elementos que lo rodean, como pueden ser barnices, pinturas, etc.

Para establecer la resistencia al fuego de cada elemento, usamos los siguientes criterios de clasificación:

- *Resistance* (**capacidad portante**): se aplica a aquellos elementos estructurales del edificio que deben soportar las cargas, como vigas, forjados, pilares, muros de carga, cubiertas, etc.
  La capacidad portante es el tiempo que puede pasar sin que esos elementos estructurales modifiquen sus funciones estructurales.
  Se mide en temperatura y tiempo mediante una prueba de ensayo tipo.
- *Integrity* (**aguante de los elementos**): se asocia con los elementos que se utilizan en la sectorización, tales como tabiques, puertas, techos, etc., y se refiere a la capacidad de estos elementos constructivos de soportar la exposición al fuego sin el paso de la llama o gases calientes que puedan producir una ignición en el lado contrario al que se encuentra el fuego.
  También se mide en temperatura y tiempo mediante una prueba de ensayo tipo.

Representación gráfica del concepto de integridad

⮩ ***Insulation*** **(aislamiento térmico):** marca la diferencia de temperatura entre la cara expuesta al fuego y la contraria mediante un ensayo normalizado.

Mientras que en la cara expuesta se pueden llegar a alcanzar los 1.000 °C, en la cara no expuesta no se deben sobrepasar los 140 °C, aunque en algunos casos especiales esta temperatura puede variar.

Representación gráfica del concepto de aislamiento térmico

⮩ ***Reduced Thermal Radiation*** **(radiación térmica reducida):** se asocia a los elementos sectorizadores, como las cortinas contra incendios. A través del elemento sectorizador no pueden pasar más de 15 kW/m² mediante radiación térmica.

Representación gráfica del concepto de radiación térmica

- ⮞ ***Smoke Production*** (**estanqueidad al humo**): al referirnos a la integridad, nos referimos al paso de gases calientes entre zonas sectorizadas. Dentro de este criterio también nos referimos al paso de gases fríos.
- ⮞ ***Mechanical Action*** (**acción mecánica**): capacidad del elemento divisor de soportar un impacto de otro elemento que le caiga encima en caso de incendio.
- ⮞ ***Automatic Closing*** (**cierre automático**): definición que se asocia a los elementos que se tengan que cerrar en caso de incendio, como las puertas contrafuegos que se cierran cuando se produce un incendio. El ensayo normalizado se mide en ciclos de apertura-cierre.

Los retenedores electromagnéticos son los elementos más usados en el control de las puertas contra incendios.

- ⮞ ***Soot Fire Resistance*** (**resistencia al fuego de hollín**): este término se asocia a las chimeneas y a los braseros.
- ⮞ ***Fire Protection Ability*** (**aptitud de protección frente al fuego**): capacidad del revestimiento separador para proteger contra la ignición, carbonatación u otros posibles daños a los elementos que se encuentren tras el elemento divisorio.

- *Electrical Continuity* (**continuidad eléctrica**): proyección contra el fuego para los cables que deban mantener el servicio eléctrico durante un tiempo determinado en caso de incendio.

El Reglamento electrotécnico para baja tensión establece que, en los lugares públicos, los cables deben ser libres de halógenos y no propagadores de la llama.

Todos los términos anteriores se acompañan de unos valores normalizados expresados en minutos y que no varían para los Estados miembros de la UE.

Estos tiempos son los siguientes: 15, 20, 30, 45, 60, 90, 120, 180, 240 y 360.

Por ejemplo, una puerta que deba tener una resistencia al fuego de 60 min se identificará con las iniciales EI, a las que se les incorporará el tiempo normalizado 60 (EI60).

PARA SABER MÁS

En el blog de la seguridad contra incendios, puedes consultar una entrada acerca de la evaluación de la resistencia al fuego de los materiales, accediendo a ella desde aquí:

https://redirectoronline.com/sead227po0302

 **TAREA 3**

Valeria está leyendo el proyecto del sistema de seguridad contra incendios que van a instalar en su empresa. En el apartado que trata sobre las puertas contra incendios se ha encontrado con la siguiente nomenclatura: Puerta cortafuegos EI2 C5 60. Ha llamado a la empresa que ha redactado el proyecto, pero no le han contestado, por lo que te pide que le ayudes a averiguar el significado de dicha nomenclatura.

¿Puedes explicarle lo que significa la nomenclatura EI2 C5 60?

De los criterios de clasificación citados anteriormente, los más relevantes se corresponden con los conceptos de **capacidad portante, integridad y aislamiento,** puesto que el resto de los criterios dependen de las condiciones específicas del elemento estructural:

Capacidad portante (R)	- Es la facultad de un elemento estructural de mantener sus condiciones originales durante un ensayo de resistencia normalizado en el que se mide su resistencia una vez que ha sido expuesto al fuego.
Integridad (E)	- Facultad de un elemento expuesto al fuego en uno de sus lados para prevenir el paso de las llamas y gases calientes hacia el otro lado, así como el bloqueo de la aparición de llamas en la cara no expuesta durante un tiempo mediante un ensayo normalizado de resistencia al fuego.
Aislamiento (I)	- Facultad de un elemento de separación para impedir el paso del calor de acuerdo con unos valores establecidos en un ensayo de resistencia al fuego.

 **RECUERDA**

La compartimentación es una medida de protección pasiva frente a los incendios declarados en edificios cuya misión es evitar la propagación del fuego entre los diferentes compartimentos.

El Código Técnico de la Edificación (CTE) establece que los edificios deben contemplar la posibilidad de la compartimentación en sectores de incendios, así como las superficies máximas de compartimentación dependiendo del uso.

El tamaño máximo de compartimentación de los sectores de incendios según su uso es:

- **Residencial vivienda:** la superficie máxima de los sectores de incendio no debe exceder de 2.500 m^2.
  Los elementos que separen las viviendas entre sí deben soportar al menos 60 min. Deben tener marcada la indicación que así lo certifique (EI60).
- **Administrativo:** la superficie construida de todo sector de incendio no debe exceder de 2.500 m^2.
- **Comercial:** como norma general, 2.500 m^2.
  En los establecimientos o centros comerciales que ocupen en su totalidad un edificio íntegramente protegido con una instalación automática de extinción y cuya altura de evacuación no exceda de 10 m, se pueden alcanzar los 10.000 m^2.
- **Residencial público:** la superficie construida de cada sector de incendio no debe exceder de 2.500 m^2.
  Toda habitación para alojamiento debe tener paredes que soporten al menos 60 min. Deben identificarse con la indicación que lo garantice (EI60).
  En establecimientos cuya superficie construida exceda de 500 m^2, las puertas de acceso deben soportar el fuego por un período como mínimo de 230 min. Se identifican como EI 230-C5.
- **Docente:** si el edificio tiene más de una planta, la superficie construida de cada sector de incendio no debe exceder de 4.000 m^2.
  Cuando tenga una única planta, no es preciso que esté compartimentada en sectores de incendio.
- **Hospitalario:** las plantas con zonas de hospitalización o con unidades especiales (quirófanos, UVI, etc.) deben estar compartimentadas al menos en dos sectores de incendio, cada uno de ellos con una superficie

construida que no exceda de 1.500 m^2 y con espacio suficiente para albergar a los pacientes de uno de los sectores contiguos.

En otras zonas del edificio, la superficie construida de cada sector de incendio no debe exceder de 2.500 m^2.

➲ **Pública concurrencia:** la superficie construida de cada sector de incendio no debe exceder de 2.500 m^2.

Se puede incrementar dicha superficie siempre que:

- ● Los elementos de compartimentación deben soportar el fuego al menos 120 min. Su identificación se corresponde con EI 120.
- ● La evacuación se realiza mediante salidas de planta que comuniquen con un sector de riesgo mínimo a través de vestíbulos de independencia, o mediante salidas de edificio.
- ● Los materiales de los revestimientos en paredes y techos deben tener la clasificación mínima B-s1, d0, mientras que los suelos se categorizarán como mínimo BFL-s1.

El **Documento Básico de los Sistemas contra Incendios** del Código Técnico de la Edificación (CTE DB-SI-3) establece las condiciones que se deben cumplir en la evacuación de las personas ocupantes de un establecimiento de uso comercial o de pública concurrencia con cualquier superficie, y los de uso docente, hospitalario, residencial público o administrativo.

PARA SABER MÁS

En el Real Decreto 842/2013, de 31 de octubre, se aprueba la clasificación de los productos de construcción y de los elementos constructivos en función de sus propiedades de reacción y de resistencia frente al fuego. Puedes consultarlo accediendo aquí:

https://redirectoronline.com/sead227po0303

APLICACIÓN PRÁCTICA

Luken está resumiendo los criterios que deben cumplir los elementos estructurales. Acaba de darse cuenta de que ha establecido la siguiente definición: "Capacidad de un elemento constructivo para impedir el paso del fuego y de los gases calientes hacia un recinto no afectado por el incendio". ¿A qué criterio hace referencia?

Solución

Hace referencia al criterio de integridad.

La integridad se define como la capacidad del material de impedir el paso del fuego y los gases de un recinto afectado por el fuego a otro que no lo está.

---

3. Material constructivo

HILO CONDUCTOR

Lucía y Aitor valoran la importancia de la protección contra incendios en establecimientos industriales, comerciales y residenciales, llegando a la conclusión de que lo más importante son los materiales que se empleen, ya que serán estos los que garanticen el cumplimiento de la normativa vigente.

Además, dependiendo del tipo de material que se emplee, su comportamiento frente al fuego será diferente, lo que deberá tenerse en cuenta para seleccionarlo en función de la dependencia, su uso o el tipo de materiales que se van a almacenar en su interior.

Los **materiales constructivo**s son las materias primas, productos y subproductos que se emplean en la construcción de los edificios residenciales, industriales y obras civiles.

Sus propiedades son determinantes en el cumplimiento de las características de su comportamiento frente al fuego, por lo que, dependiendo de los elementos que se vayan a almacenar en su interior, deberán seleccionarse correctamente, para, en caso de incendio, reducir los daños al mínimo posible.

La selección de los materiales constructivos dependerá de su **idoneidad, la disponibilidad y la inversión** en estos que se quiera realizar.

Dependiendo de la materia prima que utilicen los materiales, los podemos clasificar en:

Pétreos	Aglomerados	Conglomerados	Sintéticos

PARA SABER MÁS

Puedes acceder a una clasificación de los distintos tipos de materiales y sus usos de construcción aquí:

https://redirectoronline.com/sead227po0304

3.1. Pétreos

Materiales que provienen o están constituidos por rocas, piedras o materiales calcáreos.

A su vez pueden ser:

1. **Naturales:** asociación o unión de materiales de distinta tipología que se encuentran en la naturaleza. Un ejemplo de este tipo de materiales son el granito, la pizarra natural, el basalto o el mármol.

- **Rocas eruptivas:** rocas formadas por el enfriamiento del magma y que se encuentran constituidas por sílice y silicatos.
- **Rocas sedimentarias:** fragmentos que proceden de la desintegración de otras masas rocosas debido a la cristalización o acumulación de restos orgánicos o procedentes de fenómenos volcánicos.
- **Rocas metamórficas:** son rocas cuyo origen son los tipos anteriores, pero que han sufrido procesos térmicos o dinámicos importantes que las han modificado.

2. **Artificiales:** dentro de este grupo podemos encontrar los materiales aglutinantes (aquellos que se mezclan con agua para lograr una pasta), los cerámicos, o vidrios que provienen de arcillas, sílices y barros que se someten a procesos de cocción a altas temperaturas

3.2. Aglomerados

Unión de distintos materiales como resultado de un proceso químico que provoca la formación de cristales con una consistencia y resistencia variable.

Este proceso se desarrolla en dos etapas, el fraguado o proceso de cristalización que depende del material fraguante empleado y el endurecimiento que habitualmente se prolonga durante varios años.

Estos materiales pueden ser de distintos tipos:

- **Aéreos:** materiales que se endurecen en contacto con el aire.
- **Hidráulicos:** se endurecen independientemente de si se encuentran al aire o en un medio acuoso.
- **Hidrocarbonados:** necesitan calentarse para modificarse y, a medida que se enfrían, se consolidan.
- **Morteros:** se obtienen por la combinación de un aglomerante, agua y arena. El más conocido es el **cemento.**
- **Hormigones:** mezclas plásticas a base de cemento, arena, grava y agua. Dentro de esta mezcla podemos destacar:

  - **Masa:** representa la mezcla de cemento, arena, grava y agua. Trabaja muy bien a compresión, pero muy mal a tracción. Resistente a la acción de los agentes meteorológicos y al fuego.
  - **Armado:** material compuesto de hormigón en masa y elementos metálicos en forma de varillas o armaduras.

3.3. Conglomerados

Materiales prefabricados, a los que se les da forma mediante el uso de moldes, obtenidos mediante aglomeraciones.

Un ejemplo son vigas, bordillos, etc.

Estos materiales pueden ser:

- **Metálicos:** son materiales que provienen del metal o aleaciones de este en forma de láminas o hilos. Los más empleados son el hierro, el aluminio, el cobre, el zinc y el estaño. Las principales propiedades de los metales son la opacidad, la conductividad, el brillo, la ductilidad y la maleabilidad. Su característica fundamental es que poseen una temperatura a partir de la cual pasan de estado sólido a líquido.
- **Orgánicos:** materiales que provienen de materia orgánica como la madera, resinas o derivados. El material orgánico más empleado es la madera en las estructuras. Este tipo de materiales tienen el inconveniente de la degradación producida por agentes de tipo parasitario que se sirven de ellos para alimentarse.

3.4. Sintéticos

Materiales resultantes de procesos químicos. Distinguimos los plásticos como materiales sintéticos, estos tienen una gran combustión.

Este material a su vez puede estar presente en:

- **Pintura:** material líquido a base de distintas sustancias que le confieren al líquido una viscosidad determinada. Debido al uso de disolventes, aglutinantes, pigmentos, estabilizadores, etc., son altamente inflamables. El resultado es una capa opaca que habitualmente es coloreada.
- **Barniz:** resultado de una capa transparente o traslúcida.

3.5. Propiedades básicas y materiales constructivos más habituales

Algunas **propiedades básicas** que deben tener los materiales constructivos son:

- **Densidad:** relación entre la masa y el volumen, es decir, la cantidad de materia por unidad de volumen.

- **Coeficiente de dilatación:** tendencia de los materiales de expandir su tamaño en presencia del calor y contraerlo en presencia de frío.
- **Conductividad térmica:** capacidad de los materiales para transmitir el calor.
- **Conductividad eléctrica:** capacidad de los materiales de conducir la electricidad.
- **Elasticidad:** capacidad de los materiales de recuperar su forma original una vez que cesa el esfuerzo que los deforma.
- **Rigidez:** tendencia de la materia a conservar su forma frente a un esfuerzo.
- **Fragilidad:** incapacidad de la materia para deformarse. Al no poder deformarse, se rompe en pedazos.
- **Resistencia mecánica:** esfuerzo que es capaz de resistir el material sin deformarse o romperse.
- **Higroscopicidad:** capacidad de absorción de agua de los materiales.
- **Plasticidad:** capacidad de deformarse sin romperse que tiene la materia frente a un esfuerzo sostenido en el tiempo.
- **Resistencia a la corrosión:** capacidad de tolerar la corrosión sin romperse o desintegrarse.

Entre los materiales constructivos más habituales encontramos:

- **Granito:** roca ígnea formada mayoritariamente por cuarzo, también conocida como piedra berroqueña.
  Material muy usado, principalmente en interiores, suelos, muros, o encimeras, debido a su potencial decorativo.
- **Mármol:** se suele encontrar en forma de baldosas o losas y se suele asociar al lujo. Actualmente, se usa para revestimientos puntuales.
- **Cemento:** material conglomerante resultante de la mezcla de caliza y arcilla, calcinadas, molidas y luego mezcladas con yeso, cuya principal propiedad es que se endurece al entrar en contacto con el agua.
  Si lo mezclamos con agua, arena y grava, obtenemos el hormigón.

El cemento es el material más utilizado en la construcción junto con el hormigón.

- **Ladrillo:** mezcla arcillosa cocida para conseguir su endurecimiento mediante el calor que provoca que la humedad desaparezca.
  Su forma habitual es rectangular y de color naranja, y son muy utilizados en la construcción debido a su bajo coste.
  Las tejas se realizan mediante el mismo procedimiento, pero se moldean de manera distinta.

- **Vidrio:** producto que se obtiene por la fusión de carbonato de sodio, arena de sílice y caliza a unos 1.500 °C.
  Se utiliza en distintos sectores, aunque uno de los que más lo emplea es la construcción en las ventanas, puesto que permite el paso de la luz, pero no del aire y del agua.

- **Acero:** es una aleación más o menos dúctil y maleable, que tiene una gran resistencia mecánica y frente a la corrosión, y que se obtiene mediante la aleación del hierro con otros materiales (metálicos o no).
  Al unificar el hormigón con el acero, se obtiene el hormigón armado.

El acero se utiliza en muchos aspectos de nuestro día a día debido a su resistencia y su comportamiento frente a otros materiales.

- **Zinc:** este material destaca por estar presente en la fabricación de las cubiertas en la construcción.
  Es un material económico, maleable y liviano que no es ferromagnético y que tiene, entre otros inconvenientes, no ser muy resistente, o producir mucho ruido cuando es impactado, por ejemplo, por la lluvia, además de conducir muy bien el calor.

- **Aluminio:** material ligero económico y maleable que, aunque no tiene mucha resistencia mecánica, es usado en la carpintería de las ventanas.

- **Plomo:** aunque durante muchos años se utilizó en el sector de la fontanería, actualmente está prohibido su uso debido a que es perjudicial para la salud.

- **Cobre:** metal pesado, maleable, dúctil, brillante y muy buen conductor de la electricidad. Aunque también se utiliza para fabricar piezas de fontanería, es el material por excelencia utilizado en las instalaciones eléctricas o electrónicas.

- **Madera:** material económico, noble y resistente que es susceptible a la humedad y a las termitas.
  Muchos suelos se fabrican de madera barnizada (parqué), además de puertas, armarios y muebles.

Hay que tener en cuenta la incompatibilidad de la madera con los líquidos que provocan que esta se hinche.

- **Caucho:** resina obtenida del árbol homónimo que se conoce también como látex.
  Se usa en la fabricación de neumáticos, aislantes e impermeabilizantes.
- **Linóleo:** consiste en aceite de lino solidificado, mezclado con harina de madera o polvo de corcho.
  Esta sustancia se usa para recubrimientos de suelos en los que se desea aprovechar su resistencia al agua.
- **Bambú:** madera de origen oriental, de tallos de color verde que pueden alcanzar los 25 m de altura y los 30 cm de ancho, y que, una vez secos y curados, cumplen con funciones ornamentales muy frecuentes en la construcción occidental, así como en la hechura de techos o empalizadas.
- **Poliestireno:** este polímero se obtiene mediante un proceso químico consistente en la polimerización de los hidrocarburos aromáticos (estireno). Es un material muy liviano, denso e impermeable, que posee una enorme capacidad aislante y, por ende, es empleado como aislante térmico en las edificaciones de los países de invierno intenso.
- **Silicona:** polímero inodoro e incoloro, es usado como sellante e impermeabilizante en las construcciones y en fontanería.

La silicona se utiliza en cocinas y baños para evitar la filtración de agua y en los cierres, como ventanas, para aislar del exterior.

 ## VÍDEO

Puedes acceder a un vídeo para conocer cuáles son los nuevos materiales de construcción modernos y los nuevos sistemas para la construcción de casas de madera, ladrillo u hormigón para una arquitectura sostenible, desde aquí:

https://redirectoronline.com/sead227po0305

 ## ACTIVIDAD COMPLEMENTARIA

3. Investiga acerca de la importancia de la correcta elección de los materiales de construcción.

4. Resumen

Un parámetro que se debe tener en cuenta en el dimensionamiento de un edificio tanto industrial como residencial es la capacidad portante o capacidad de la estructura para asegurar la estabilidad del edificio y la fiabilidad a lo largo de su vida útil.

De acuerdo con la superficie, uso y función a la que se destinen, los edificios deben compartimentarse en sectores de incendio, que no tienen obligatoriedad de coincidir con la compartimentación interior.

La limitación para la propagación de los incendios por el interior de los edificios industriales se establece en el Código Técnico de la Edificación (CTE) en su artículo 11.1. Exigencia básica de seguridad SI 1.

Los sectores de incendio deben garantizar:

Cada material tiene una resistencia al fuego única que varía con el resto de los materiales que tiene a su alrededor.

Los criterios de clasificación más relevantes que hay que tener en cuenta son:

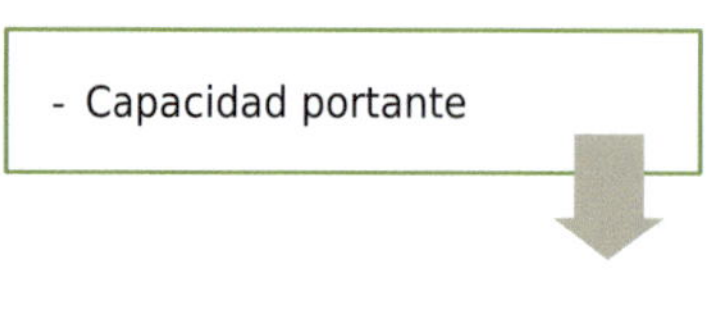

Continúa en página siguiente >>

<< Viene de página anterior

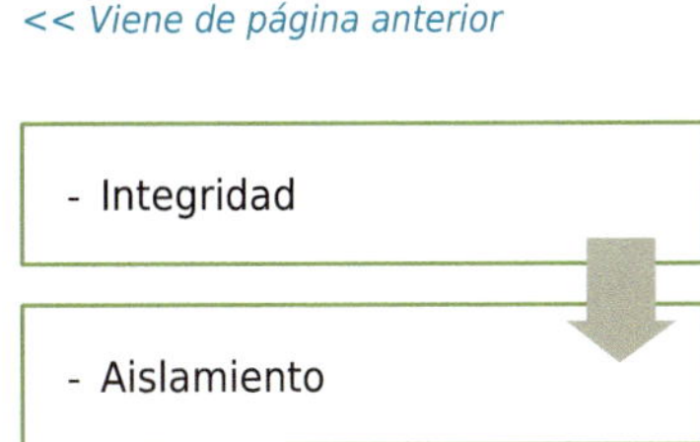

Las materias primas, productos y subproductos que se emplean en la construcción de los edificios residenciales, industriales y obras civiles se denominan materiales constructivos.

Los materiales constructivos más habituales que se pueden encontrar en un establecimiento industrial son:

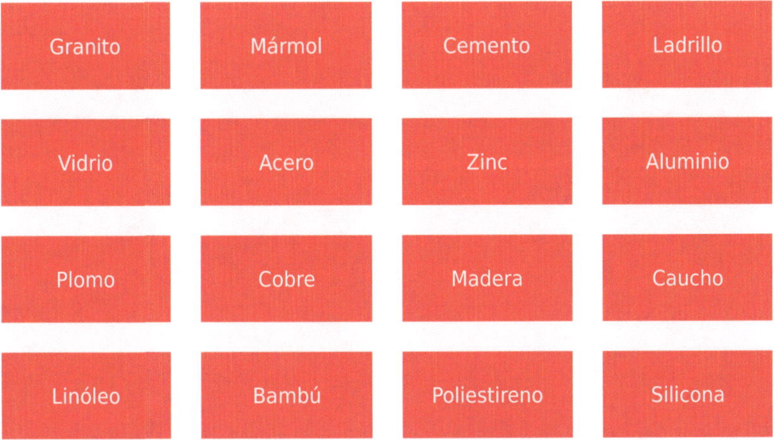

Ejercicios de autoevaluación
Unidad de Aprendizaje 3

1. La compartimentación física de los edificios...

   a. ... debe ser la misma que las zonas de riesgo.
   b. ... debe coincidir con los departamentos de la empresa.
   c. ... no tiene que coincidir con las zonas de riesgo.
   d. Todas las opciones son incorrectas.

2. La limitación de la propagación del incendio se establece en...

   a. ... la Ley 21/1992.
   b. ... el Real Decreto 164/2025.
   c. ... la normativa UNE.
   d. ... el Código Técnico de la Edificación.

3. ¿Cuál de los siguientes requisitos debe cumplir un sector de incendio?

   a. Compartimentación entre sectores.
   b. Resistencia térmica.
   c. Puertas cortafuegos.
   d. Todas las opciones son correctas.

4. La compartimentación entre sectores de incendios debe tener una estabilidad frente al fuego de...

   a. ... entre 10 y 90 min.
   b. ... entre 60 y 120 min.
   c. ... entre 120 y 180 min.
   d. ... entre 180 y 240 min.

5. La capacidad de un elemento constructivo de soportar la exposición al fuego se identifica...

   a. ... por el carácter I de *integrity*.
   b. ... por el carácter E de *integrity*.
   c. ... por el carácter R de *resistance*.
   d. ... por el carácter W de radiación térmica reducida.

6. Los valores normalizados de resistencia al fuego en la Unión Europea se encuentran entre...

    a. ... 60 y 240 min.
    b. ... 15 y 360 min.
    c. ... 120 y 240 min.
    d. ... 90 y 120 min.

7. ¿Cuál de los siguientes no es un criterio de clasificación de la resistencia al fuego de los materiales?

    a. Capacidad portante.
    b. Portabilidad.
    c. Integridad.
    d. Aislamiento.

8. La mezcla a base de cemento, arena, grava y agua es lo que se denomina...

    a. ... cemento base.
    b. ... hormigón.
    c. ... aglomerado.
    d. ... asfalto.

9. La tendencia de un material de expandir o contraer su tamaño debido a la temperatura se conoce como...

    a. ... densidad.
    b. ... rigidez.
    c. ... resistencia.
    d. ... dilatación.

10. La tendencia de un material a deformarse frente a un esfuerzo se denomina...

    a. ... fragilidad.
    b. ... elasticidad.
    c. ... conductividad.
    d. ... rigidez.

Protección activa. Requisitos de las instalaciones de protección contra incendios de las industrias

Contenido

Objetivos

El objetivo general de esta Unidad de Aprendizaje es:

→ Analizar las exigencias de los distintos tipos de protección, activa y pasiva, que deben respetarse en los establecimientos industriales.

Los objetivos específicos de esta Unidad de Aprendizaje son:

→ Definir el concepto de protección activa contra incendios.

→ Diferenciar los conceptos detección y extinción de incendios.

→ Identificar los elementos y condiciones que tener en cuenta para asegurar la protección activa contra incendios.

→ Conocer la señalización contra incendios y los elementos que componen la protección pasiva contra incendios.

→ Establecer las diferencias existentes entre las protecciones activa y pasiva en la lucha contra incendios.

1. Introducción

Dentro de la protección contra incendios en los establecimientos industriales podemos encontrar dos tipos, la protección activa, que trabaja sobre los equipos y medios para hacer frente al incendio, y la protección pasiva, que son los elementos encargados de evitar que se inicie el incendio.

Estos dos tipos de protección se recogen en la normativa vigente sobre protección contra incendios tanto si se destina a establecimientos industriales como residenciales.

La evolución en los medios de protección activa ha permitido que la extinción se produzca casi cuando el fuego se encuentra en su fase incipiente, es decir, cuando no hay llama ni humo.

Aitor y Lucía siguen trabajando en el establecimiento de los elementos que deben revisar en los establecimientos industriales relativos a la protección contra el fuego. Ahora deben analizar los diferentes tipos de protección pasiva que todo establecimiento industrial incorpora de forma indirecta a través de los elementos constructivos, y los de construcción activa si van a luchar directamente contra el fuego en el caso de que aparezca.

2. Protección contra incendios

 **HILO CONDUCTOR**

Aitor y Lucía tienen experiencia revisando establecimientos industriales y, en muchos casos, cuando les indican a los propietarios de estos las condiciones que se incumplen en la instalación, estos les solicitan que les indiquen las normativas en las que se basan para hacer la revisión, por lo que consideran importante conocer la legislación en la que deben apoyarse.

Todo lugar de trabajo que se integre en un edificio, independientemente de la actividad que desempeñe, debe **cumplir una serie de medidas** para salvaguardar a las personas y los bienes contra el riesgo de incendio.

Además del Real Decreto 164/2025, también la Ley 31/1995 de prevención de Riesgos Laborales en su articulado establece los **principios generales**

de la acción preventiva dentro de la empresa que deben ser llevados a cabo por los empresarios. Así lo refleja en los siguientes artículos:

Artículo 15

El empresario aplicará las medidas que integran el deber general de prevención.

Artículo 20

El empresario deberá analizar las posibles situaciones de emergencia y adoptar las medidas necesarias en materia de primeros auxilios, lucha contra incendios y evacuación de los trabajadores, designando para ello al personal encargado de poner en práctica estas medidas y comprobando periódicamente, en su caso, su correcto funcionamiento. El citado personal deberá poseer la formación necesaria, ser suficiente en número y disponer del material adecuado, en función de las circunstancias antes señaladas.

La protección en los establecimientos industriales debe realizarse en todos los ámbitos, tanto profesionales como personales.

Además, el Real Decreto 39/1997 del Reglamento de los Servicios de Prevención establece en su artículo 1 que los puestos de trabajo deben analizarse como un conjunto en el que intervienen los procesos productivos, la organización del trabajo, el ambiente laboral y el entorno, incluyendo los edificios y la seguridad, directa e indirecta, que se aplica sobre ellos.

Así, dentro de la protección contra incendios podemos encontrar dos modelos diferentes, la **protección activa y la protección pasiva.** Ambos conceptos los detallaremos en los siguientes apartados.

3. La protección pasiva contra incendios

👉 HILO CONDUCTOR

Lucía se ha encargado de realizar la ficha correspondiente a los materiales que se encargan de evitar que el fuego se inicie, es decir, aquellos que conforman la protección pasiva y que se deben establecer en la fase constructiva del establecimiento industrial, que no suelen cambiar mientras el edificio esté en pie, y que deben revisarse y adecuarse en el caso de que se produzca un cambio en la normativa o la empresa cambie la actividad a la que se dedica.

La **protección pasiva** contra incendios consiste en agrupar los elementos constructivos que se destinan a evitar que el incendio se inicie, se propague, que afecte al edificio, así como garantizar que la evacuación de las personas que se encuentran en su interior se realiza sin riesgos y de forma indirecta y que la intervención de los equipos de lucha contra el fuego se realiza de la forma más segura.

La protección pasiva debe tenerse en cuenta desde la fase de diseño del edificio.

3.1. Elementos que intervienen en la protección pasiva contra incendios

Los elementos sobre los que interviene la protección pasiva contra incendios son los siguientes:

- **La ignifugación:** proceso por el cual se incorpora a un material inflamable un aditivo ignifugante con la finalidad de mejorar su reacción al fuego.
  La reacción al fuego se mide mediante las **euroclases,** que son ensayos normalizados.
- **La compartimentación:** soluciones constructivas que evitan que un incendio se propague entre varios sectores. La compartimentación podemos dividirla en cerramientos y sellado de huecos.
- **El sellado:** la compartimentación debe tener en cuenta la obligatoriedad de que, en caso de incendio, se cierren dichos compartimentos para evitar la expansión del fuego. Mediante el sellado se obtiene un cierre automático de la zona afectada que tiene que garantizar, por lo menos, una resistencia al fuego igual a la del elemento atravesado.
- **Sistemas de control de humos y calor:** aberturas o equipos de extracción para la evacuación de humos y gases calientes que se producen en un incendio y para la admisión de aire limpio.
  Deben dimensionarse teniendo en cuenta que deben mantener la temperatura dentro de unos niveles establecidos en la normativa vigente.
- **Los sistemas de protección estructural:** compuestos por elementos o productos que se aplican en los elementos constructivos del edificio, como pilares, vigas, soportes, muros de carga, falsos techos, forjados y cerramientos, con el fin de incrementar su resistencia al fuego.
  Algunos elementos que se utilizan son:

  - Muros de carga que protegen la estructura según la naturaleza del material empleado.
  - Pinturas intumescentes que reaccionan a la elevación de la temperatura generando una espuma que aísla la estructura manteniéndola fría temporalmente.
  - Ignifugantes, aditivos que se aplican a la madera para retardar la aparición de gases combustibles.
  - Paneles de lana de roca que constituyen una barrera contra el fuego gracias a la baja conductividad térmica de este material y la elevada temperatura de fusión.
  - Placas de fibrosilicato; su resistencia al fuego se basa en el tiempo que tardan en deshidratarse.
  - Los morteros protegen las estructuras por resistencia térmica y por su poder refrigerante durante la deshidratación del agua contenida según el material que los componga.

- **Los cerramientos:** son soluciones constructivas que se han sometido a un ensayo normalizado. Los elementos más habituales son las placas y paneles con resistencia al fuego que incrementan la resistencia al fuego que se aplica en muros y cerramientos. También se pueden utilizar vidrios que garanticen una correcta resistencia al fuego.

- **Las puertas y compuertas cortafuegos:** las puertas cortafuegos son elementos compartidos entre dos sectores de incendio que, además de tratar de evitar la propagación del incendio, se encuentran en las vías de evacuación de las personas.

  Las compuertas cierran automáticamente los conductos de aire acondicionado que atraviesan los sectores de incendios.

  Ambos elementos deben someterse a los ensayos correspondientes de resistencia al fuego.

- **El sistema de señalización:** sitúan e informan sobre la ubicación de los equipos e instalaciones de protección contra incendios, señalización de las vías de evacuación, etc.

  En caso de fallo del suministro eléctrico, siguen funcionando durante un tiempo preestablecido.

  Dentro del sistema de señalización podemos encontrar señales, balizamientos y planos de situación.

 **VÍDEO**

Puedes acceder a un vídeo para ampliar la información acerca de la protección pasiva en establecimientos industriales, desde aquí:

https://redirectoronline.com/sead227po0401

3.2. Conceptos sobre señalización contra incendios

La señalización contra incendios se regula por el Real Decreto 485/1997, sobre las disposiciones mínimas en materia de señalización de seguridad y salud en el trabajo, que en su artículo 2 define los siguientes conceptos:

- **Señalización de seguridad y salud en el trabajo:** señalización referida a un objeto, actividad o situación determinadas, que proporciona una indicación o una obligación relativa a la seguridad o la salud en el trabajo utilizando una señal en forma de panel, un color, una señal luminosa o acústica, una comunicación verbal o una señal gestual, según proceda.

- **Señal de prohibición:** señal que prohíbe un comportamiento susceptible de provocar un peligro.
- **Señal de advertencia:** señal que advierte de un riesgo o peligro.
- **Señal de obligación:** señal que obliga a un comportamiento determinado.
- **Señal de socorro:** señal que proporciona indicaciones relativas a las salidas de emergencia y evacuación, primeros auxilios o dispositivos de salvamento.
- **Señal indicativa:** señal con informaciones distintas de las anteriores.
- **Señal en forma de panel:** señal que, mediante la combinación de una forma geométrica, de colores y de un símbolo o pictograma, proporciona una determinada información, cuya visibilidad está asegurada por una iluminación de suficiente intensidad.
- **Señal adicional:** señal utilizada junto a otras señales y que facilita información complementaria.
- **Color de seguridad:** color al que se le atribuye un significado determinado relacionado con la seguridad y salud en el trabajo.
- **Símbolo o pictograma:** imagen que describe una situación o que obliga a un comportamiento determinado, utilizada sobre una señal o sobre una superficie luminosa.
- **Señal luminosa:** señal generada por un dispositivo, habitualmente transparente o translúcido, con una fuente lumínica en su interior.
- **Señal acústica:** señal acústica codificada conforme a un código conocido por todo el personal, emitida y difundida por un dispositivo, sin necesidad de que intervengan voces humanas o sintéticas.
- **Comunicación verbal:** mensaje predeterminado en el que se modifica el código acústico por una indicación en la que se emplea la voz humana o una sintética.
- **Señal gestual:** movimiento disciplinado de los brazos de una persona que sirve para el guiado de una acción que puede representar un riesgo para las personas del entorno o para el propio trabajador.

 **SABÍAS QUE...**

El Real Decreto 485/1997 establece que las medidas de la señalización relativa a los equipos de lucha contra incendios serán de forma rectangular o cuadrada, con pictograma blanco sobre fondo rojo, debiendo cubrir el fondo de al menos el 50 % de la superficie total de la señal.

 **PARA SABER MÁS**

Puedes consultar la guía técnica sobre señalización de seguridad y salud en el trabajo del Instituto Nacional de Seguridad y Salud en el Trabajo, accediendo desde aquí:

https://redirectoronline.com/sead227po0402

 **ACTIVIDAD COMPLEMENTARIA**

4. Investiga acerca de los criterios que se establecen en el Real Decreto 485/1997 sobre el empleo de la señalización.

4. La protección activa contra incendios

 **HILO CONDUCTOR**

Aitor, por su parte, se ha encargado de los elementos que van a luchar contra el fuego una vez que este se ha declarado. Dentro de este grupo encontrará distintos materiales, que variarán sus características dependiendo del fabricante, aunque su misión siempre será la misma, y la tipología entre todos ellos es idéntica o muy similar.

La protección activa contra incendios consiste en agrupar los distintos medios materiales que de forma individual o combinada se utilizan en la detección, control y extinción de un incendio.

La protección activa contra incendios se puede dividir en las siguientes categorías:

Detección
- Su misión es detectar el fuego mediante los detectores de humo, llamas y calor, de forma que se pueda iniciar el protocolo de evacuación de emergencia.

Supresión del fuego
- Todos los procesos y actividades enfocados a apagar el fuego mediante una acción directa sobre él.

Ventilación mecánica
- Procesos que se llevan a cabo para mantener libre de humo las vías de evacuación y otras zonas específicas mediante el uso de ventiladores resistentes al fuego.

IMPORTANTE

La protección activa pretende advertir a los usuarios de un incendio para que se pueda actuar sobre él.

TAREA 4

Celia está creando una ficha para entregar a las personas que comienzan a trabajar en su empresa. Ahora está realizando la correspondiente a las instalaciones contra incendios, por lo que quiere comenzar estableciendo las diferencias existentes entre las protecciones activa y pasiva contra incendios.

¿Puedes ayudarla indicándole las diferencias y algún elemento que pertenezca a cada grupo de protección?

4.1. Elementos que intervienen en la protección activa

Los principales elementos que intervienen en la protección activa de una instalación son:

- **Detectores y centrales de alarma:** la detección y vigilancia contra incendios habitualmente son equipos automáticos constituidos por una central de alarma y distintos detectores distribuidos por la instalación. Suelen incluir pulsadores que, al ser voluntariamente activados, provocarán la alarma en la central de incendios. De acuerdo con la normativa vigente, toda central de alarma contra incendios debe estar conectada a un centro de control, que será el encargado de verificar la existencia real del incendio y dar aviso a los equipos de lucha contra el fuego.
Las señales que emitan las centrales deben ser audibles y señalizar la zona en la que se encuentra el fuego.
- **Sistemas de abastecimiento de agua:** estos sistemas están formados por varias fuentes de alimentación de agua, que, mediante un sistema impulsor, alimenta distintas instalaciones para la extinción del incendio.
- **Hidrantes:** son elementos hídricos que se instalan en el exterior de los edificios, conectados a la red de abastecimiento de agua que le suministra en caso de incendio. Ofrece la posibilidad de conexionado de mangueras y equipos de lucha contra el fuego, así como el llenado de agua para los camiones de bomberos.
- **Rociadores:** sistema fijo de extinción conectado a una red de tuberías en las que se conectan distintas boquillas sensibles a la temperatura. Cuando se alcanza la temperatura prefijada, las boquillas de los rociadores se abren para descargar el agua o el agente extintor sobre el fuego de forma inmediata tratando de actuar sobre el área afectada por el incendio. Una vez que las boquillas de los rociadores actúan, estos deben sustituirse, puesto que quedan inservibles.
- **Extintores:** el llamado *extintor de incendio* debe su nombre a que en su interior contiene un agente extintor que puede proyectarse sobre las llamas del incendio gracias a su presión interna.
Se considera el elemento básico que debe estar disponible en cualquier establecimiento tanto industrial como comercial. Se debe tener en cuenta para la selección del extintor el material sobre el que se va a actuar en caso de incendio, puesto que todos los agentes extintores no sirven para todos los casos que se pueden dar.

Los extintores son los elementos básicos de protección activa contra incendios.

- **Bocas de incendio equipadas (BIE):** equipos de protección contra incendios equipados con todos los elementos necesarios (devanadera, manguera, válvula y lanza boquilla) para luchar contra el fuego. Normalmente se encuentran sujetos a la pared y conectados a la red de abastecimiento de agua.
  Las más habituales son:

  - **BIE de 45, con manguera plana,** cuyo uso es exclusivo de bomberos o personal cualificado.
  - **BIE de 25, con manguera semirrígida,** de fácil manejo y que puede utilizar cualquier persona.

- **Sistema de columna seca:** situado en la fachada o en una zona fácilmente accesible, es una tubería ascendente con salida en las distintas plantas del edificio en las que los equipos de extinción de incendios pueden conectar sus mangueras. Este sistema es de uso exclusivo del personal de lucha contra incendios.
- **Nebulización de agua:** los sistemas de nebulización de agua funcionan de forma similar a los rociadores, pero utilizan agua nebulizada sobre el área afectada por el fuego.

RECUERDA

El objetivo principal de los elementos pasivos es mantener el fuego aislado el mayor tiempo posible en la ubicación en la que se haya generado con la intención de reducir sus consecuencias.

APLICACIÓN PRÁCTICA

Valvanera, preparando el almacén de su empresa, ha establecido que va a almacenar los productos de acuerdo con el tipo de protección al que pertenecen, así que ha establecido un sector para la protección activa y otro para la protección pasiva.

Todos los elementos siguientes se han colocado en la parte de la protección activa contra incendios.

¿Puedes revisarlos e indicar cuál de ellos está incorrectamente colocado?

- **Extintores**
- **Centrales de alarma**
- **Señalización de seguridad**
- **Rociadores**

Solución

El elemento incorrectamente colocado es la señalización de seguridad, que debe estar dentro de la protección pasiva, puesto que no interviene en la detección, control o extinción de un incendio.

5. Resumen

Todo lugar de trabajo debe cumplir la normativa vigente en distintos aspectos referidos a la protección de las personas. Entre esta normativa encontramos el Real Decreto 164/2025, la Ley 31/1995 de prevención de Riesgos Laborales y el Real Decreto 39/1997 del Reglamento de los Servicios de Prevención.

La protección pasiva agrupa los elementos constructivos encaminados a evitar que el incendio se inicie, mientras que la protección activa agrupa los equipos de lucha contra el fuego una vez que este se ha iniciado.

Algunos elementos que podemos encontrar en la protección activa de una instalación son:

La señalización contra incendios está regulada por el Real Decreto 485/1997, sobre las disposiciones mínimas en materia de señalización de seguridad y salud en el trabajo, que recoge, además de los criterios, las condiciones de la señalización.

Ejercicios de autoevaluación
Unidad de Aprendizaje 4

1. Dentro de la proyección contra incendios de establecimientos industriales y residenciales podemos encontrar...

    a. ... cinco tipos de protección.
    b. ... cuatro tipos de protección.
    c. ... dos tipos de protección.
    d. ... tres tipos de protección.

2. En la protección contra incendios es de aplicación, además del Real Decreto 164/2025...

    a. ... el Real Decreto 39/1997.
    b. ... el Real Decreto 485/1997.
    c. ... la Ley 31/1995.
    d. Todas las opciones son correctas.

3. La protección que tiene en cuenta los elementos constructivos es:

    a. La protección activa.
    b. La protección estructural.
    c. La protección pasiva.
    d. La protección térmica.

4. Los sistemas de protección estructural no tienen en cuenta...

    a. ... la central de alarma.
    b. ... las pinturas que se utilicen.
    c. ... las puertas cortafuegos.
    d. ... los cerramientos.

5. Los sistemas de control de calor y humos utilizan sobre todo...

    a. ... centrales acústicas.
    b. ... espuma ignífuga.
    c. ... puertas cortafuegos.
    d. ... ventiladores.

6. La señal que se utiliza junto a otra señal que facilita información complementaria se denomina...

   a. ... señal adicional.
   b. ... señal auxiliar.
   c. ... señal en forma de panel.
   d. ... señal indicativa.

7. La señal codificada, emitida y definida por medio de un dispositivo sin que intervenga la voz humana o sintética se denomina...

   a. ... señal acústica.
   b. ... señal auxiliar.
   c. ... señal indicativa.
   d. ... señal obligatoria.

8. La protección que se centra en la extinción del incendio se denomina...

   a. ... protección activa.
   b. ... protección estructural.
   c. ... protección indirecta.
   d. ... protección pasiva.

9. ¿Cuál de las siguientes categorías no se incluye dentro de la protección activa?

   a. Detección.
   b. Extinción.
   c. Señalización.
   d. Ventilación.

10. El elemento más básico en la extinción de incendios es...

   a. ... el extintor.
   b. ... las bocas de incendio equipadas.
   c. ... las centrales de alarma y los detectores.
   d. ... las hidrantes.

Condiciones de mantenimiento de dichas instalaciones y normalización de los materiales

Contenido

1. Introducción
2. Mantenimiento de las instalaciones de protección contra incendios
3. Empresas instaladoras y mantenedoras
4. Programa de mantenimiento de las instalaciones contra incendios
5. Resumen

Objetivos

El objetivo general de esta Unidad de Aprendizaje es:

→ Conocer las exigencias mínimas que se deben aplicar en las instalaciones contra incendios para ejecutar su mantenimiento conforme a la normativa vigente en las instalaciones industriales.

Los objetivos específicos de esta Unidad de Aprendizaje son:

→ Establecer los distintos puntos de mantenimiento que se deben implementar en las distintas instalaciones contra incendios.

→ Indicar las características que deben cumplir las instalaciones, los equipos y los sistemas de protección contra incendios.

→ Analizar el mantenimiento mínimo que se debe llevar a cabo en las instalaciones.

→ Establecer las diferencias existentes entre las obligaciones para las empresas instaladoras y las empresas mantenedoras en la lucha contra incendios.

1. Introducción

Una condición que afecta a todos los materiales y equipos destinados a la lucha contra el fuego en los emplazamientos industriales y domésticos es que se instalan con la expectativa de no ser utilizados, confiando en que los ensayos que se han llevado a cabo sobre los materiales garantizan que, en el caso de que deban usarse, funcionen con total normalidad.

Es por ello por lo que no se puede escatimar a la hora de diseñarlos o de adquirirlos, puesto que, si no satisfacen las necesidades o no son eficaces en caso de incendio, las consecuencias pueden ser muy graves, y se superará el posible ahorro que se haya producido en su implementación o adquisición.

Uno de los puntos que Aitor y Lucía deben comprobar cuando revisen las instalaciones es asegurarse de que la totalidad de los equipos y sistemas, de forma regular, han pasado las revisiones correspondientes, que estas han sido llevadas a cabo por empresas homologadas que se encuentran registradas en el listado de entidades de la comunidad autónoma, y que se han realizado conforme a los elementos indicados en las normativas vigentes.

2. Mantenimiento de las instalaciones de protección contra incendios

 **HILO CONDUCTOR**

Aitor y Lucía siguen buscando entre las distintas normativas que intervienen en la protección contra incendios, puesto que es amplia y variada dependiendo del sector al que pertenezca. Dentro del apartado correspondiente al mantenimiento de los equipos e instalaciones, están estudiando el Reglamento de instalaciones de protección contra Incendios, conocido dentro del sector como RIPCI.

El Real Decreto 164/2025, de 4 de marzo, por el que se aprueba el Reglamento de seguridad contra incendios en los establecimientos industriales, se complementa con el Código Técnico de la Edificación (CTE) aprobado por el Real Decreto 314/2006, de 17 de marzo. En ambos reales decretos se establece que las etapas de diseño, ejecución, puesta en servicio, así como el posterior mantenimiento de los equipos, deben cumplir los parámetros establecidos en la reglamentación correspondiente a cada uno de ellos, que tratan de asegurar su correcto funcionamiento en caso de incendio.

Es obligatorio contar con un plan de mantenimiento de los equipos contra incendios.

En la prevención y protección contra incendios es fundamental disponer de **un sistema o plan de mantenimiento de los equipos,** puesto que no hay segundas oportunidades. Para ello, además de funcionar los equipos correctamente, debemos tener en cuenta que el personal que realice dicho mantenimiento tiene que ser conocedor de la normativa que le afecta para garantizar su funcionamiento, además de poder extender los certificados que garanticen que la instalación funcionará correctamente en el caso hipotético de que se necesite.

 **SABÍAS QUE...**

La Ley 21/1992, de 16 de julio, de Industria, considera como infracción grave la inadecuada conservación y mantenimiento de instalaciones si puede resultar un peligro para las personas, la flora, la fauna, los bienes o el medio ambiente. Este tipo de infracciones pueden acarrear multas entre 3.005,07 € hasta 90.151,82 €.

Los equipos, sistemas y sus componentes deben someterse como mínimo a las operaciones de mantenimiento establecidas en el Real Decreto 513/2017, en el que, además, también se establece el tiempo máximo que puede transcurrir entre revisiones consecutivas.

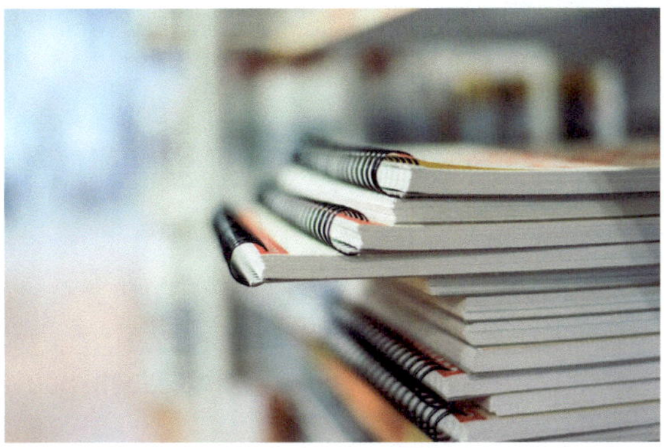

Debe quedar constancia de todos los trabajos que se lleven a cabo en la instalación.

SABÍAS QUE...

Para garantizar el cumplimiento de la normativa, además de asegurar el correcto funcionamiento de los equipos e instalaciones contra incendios, la mayor parte de las empresas tienen suscritos contratos de mantenimiento con empresas habilitadas por la comunidad autónoma correspondiente.

Una cuestión importante es que tanto la empresa mantenedora como el titular de la instalación tienen obligación de **guardar constancia documental** de la realización del mantenimiento, debiendo recogerse todas las verificaciones, pruebas y sus resultados, así como un listado de elementos sustituidos. Esta documentación podrá ser requerida por los servicios de inspección siempre que lo consideren oportuno.

SABÍAS QUE...

En la página del Instituto Nacional de Seguridad y Salud en el Trabajo tienes disponible un cuestionario sobre el mantenimiento de las instalaciones de protección contra incendios, puedes acceder desde aquí:

Continúa en página siguiente >>

<< Viene de página anterior

https://redirectoronline.com/sead227po0501

APLICACIÓN PRÁCTICA

Saida trabaja en una empresa mantenedora de equipos de protección contra incendios, y tiene que formar a un grupo de personas que se acaban de incorporar. Está preparando la documentación que les va a entregar y, revisándola, se ha dado cuenta de que ha incorporado una normativa que no se corresponde con la protección contra incendios.

¿Puedes indicarle cuál de los siguientes reales decretos no se corresponde con la protección contra incendios?

- **Real Decreto 1428/2003**
- **Real Decreto 164/2025**
- **Real Decreto 314/2006**
- **Real Decreto 513/2017**

Solución

La normativa que no corresponde es el Real Decreto 1428/2003, que trata sobre el Reglamento general de circulación, y no guarda relación con las instalaciones contra incendios.

---

3. Empresas instaladoras y mantenedoras

☞ HILO CONDUCTOR

Lucía y Aitor desconocían que las empresas instaladoras y mantenedoras no pueden realizar los mismos trabajos de acuerdo con la normativa, aunque han comentado que hay muchas empresas que tienen dos números de registro, uno como empresa instaladora y otro como empresa mantenedora. Cuando realicen las revisiones, deberán asegurarse de que tanto los equipos como los sistemas de protección contra incendios hayan sido instalados o revisados por empresas homologadas para tratar de garantizar la seguridad y el cumplimiento normativo de la instalación.

Las instalaciones y equipos contra incendios deberán ser revisados por empresas debidamente habilitadas por el órgano competente de la comunidad autónoma en la que quieran desempeñar las labores de mantenimiento de las instalaciones.

Para ser instalador o mantenedor de los equipos y sistemas contra incendios, se debe estar inscrito en el registro de la comunidad autónoma en la que se desarrollen los trabajos.

Hay dos excepciones en lo que respecta a las empresas mantenedoras, que son:

Extintores	Mantas ignífugas

- Los extintores portátiles deben ser instalados por empresas instaladoras, mantenedoras de sistemas de protección contra incendios o por el propio fabricante. Pueden ser instalados por el usuario siempre que la superficie del establecimiento no supere los 100 m² o sea una vivienda unifamiliar.	- Deben instalarse por el propio fabricante o por empresas instaladoras y/o mantenedoras de mantas ignífugas de protección contra incendios. Al igual que sucede con los extintores, pueden ser instalados por el usuario siempre que la superficie del establecimiento no supere los 100 m² o sea una vivienda unifamiliar.

3.1. Empresas instaladoras

Son aquellas empresas encargadas de instalar los equipos y sistemas de lucha contra el fuego, de acuerdo con las condiciones que se establecen en el RIPCI (Reglamento de instalaciones de protección contra incendios).

Para poder desempeñar los trabajos como empresa instaladora, se deben cumplir los siguientes requisitos:

A — Disponer de la documentación que certifique la constitución legal de la empresa.

B — Tener contratado el personal necesario adecuado a su actividad de acuerdo con lo establecido en el anexo III del Reglamento de instalaciones de protección contra incendios.

Continúa en página siguiente >>

<< Viene de página anterior

C
- Disponer de los medios que le permitan desarrollar la actividad con las debidas medidas de seguridad.

D
- Tener suscrito un seguro de responsabilidad civil que haga frente a los riesgos que se puedan producir en el desarrollo de la actividad por un importe mínimo de 800.000 euros.

E
- Implantar un sistema de gestión con el certificado de calidad correspondiente emitido por una entidad de certificación acreditada.

F
- Si se va a trabajar con agentes gaseosos fluorados, se debe estar en posesión de los certificados de cualificación reglamentarios referentes a la comercialización y manipulación de este tipo de gases.

G
- En los sistemas de alumbrado de emergencia, se debe cumplir lo establecido en el Reglamento electrotécnico para baja tensión y en su instrucción técnica complementaria.

Una de las condiciones que establece el Reglamento de instalaciones de protección contra incendios es que las empresas instaladoras **no podrán emitir certificaciones** para instalaciones que no hayan sido ejecutadas por ellas mismas, ya que, si se comprueba que han certificado instalaciones realizadas por terceros, puede conllevarles el cese de la actividad.

Las empresas no pueden emitir certificaciones de aquellas instalaciones que no sean instaladas o mantenidas por terceros.

Además, dichas empresas, antes de comenzar a realizar instalaciones contra incendios, **deben habilitarse** mediante un proceso en el que deben acreditar lo siguiente:

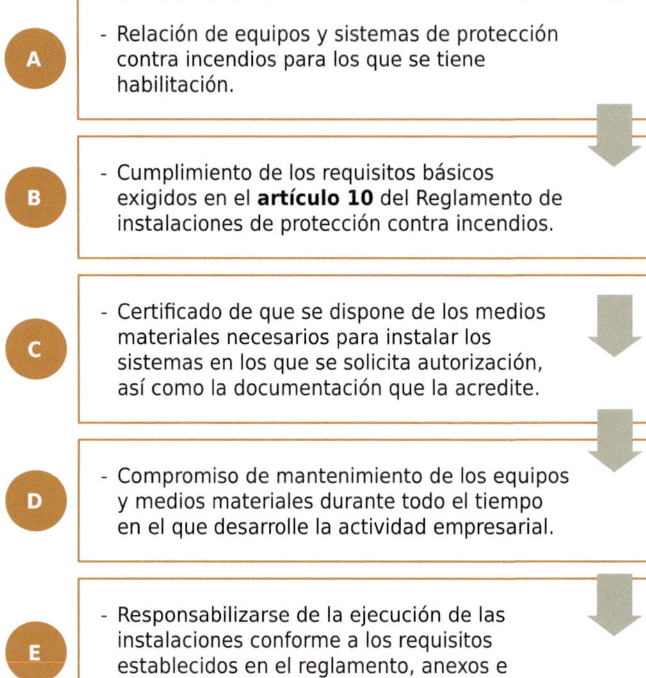

 ## SABÍAS QUE...

Las empresas establecidas en cualquier Estado miembro de la Unión Europea que se presenten ante los organismos competentes de cada comunidad autónoma en la que deseen establecerse pueden desempeñar las labores de empresa instaladora.

Además del cumplimiento de los requisitos para homologarse como empresa instaladora, también debe cumplir las siguientes **obligaciones:**

a) Las obligaciones derivadas del cumplimiento del reglamento y la normativa que sea de aplicación respecto a la instalación de equipos y sistemas de protección activa contra incendios que ejecute.

b) Abstenerse de instalar aquellos equipos y sistemas de protección contra incendios que no cumplan las disposiciones vigentes aplicables, informando directamente al usuario por escrito, paralizando los trabajos de instalación hasta que no se corrijan dichas faltas.

c) Si, mientras se procede a ejecutar la instalación, se considera que no se ajusta a lo indicado en el reglamento, la empresa deberá ponerlo en conocimiento del autor del proyecto y del titular por escrito.

d) Una vez finalizada la instalación, la empresa instaladora debe facilitar la documentación técnica, requisitos de funcionamiento y mantenimiento que deben llevarse a cabo en la instalación al titular y a la dirección facultativa del proyecto.

3.2. Empresas mantenedoras

Se definen como empresas mantenedoras aquellas que realizan el mantenimiento de los equipos y sistemas a los que se refiere el Reglamento de instalaciones de protección contra incendios.

Al igual que sucede con las empresas instaladoras, para poder desempeñar los trabajos de mantenimiento de las instalaciones contra incendios, se debe solicitar el **alta en el registro de empresas mantenedoras** de la comunidad autónoma en la que se quieran desarrollar los trabajos.

Las empresas mantenedoras deben revisar todos los equipos que conforman la instalación sin excepción alguna.

Entre los **requisitos** que se deben cumplir para poder ser empresa mantenedora se encuentran los siguientes:

A - Constituir legalmente la empresa y presentar la documentación que lo certifique.

B - Contratar al personal necesario de acuerdo con la actividad según lo establecido en el anexo III del Reglamento de instalaciones de protección contra incendios.

C - Si se manipulan agentes gaseosos fluorados, se deben poseer los certificados de cualificación reglamentarios para la manipulación de este tipo de gases.

D - Disponer de las herramientas y materiales necesarios que garanticen el desarrollo de la actividad con las debidas medidas de seguridad.

E - Suscribir un seguro de responsabilidad civil, por importe mínimo de 800.000 euros, que haga frente a los daños que se puedan producir en el desarrollo de la actividad.

F - Certificar el sistema de gestión de calidad emitido por una entidad de certificación acreditada. Si el mantenimiento es para extintores portátiles, la entidad certificadora deberá tener en cuenta los requisitos recogidos en la norma UNE 23120.

G - Para el mantenimiento de los sistemas de alumbrado de emergencia, se debe atender a las obligaciones establecidas en el Reglamento electrotécnico para baja tensión y en su instrucción técnica complementaria.

SABÍAS QUE...

Al igual que sucede con las empresas instaladoras, las empresas mantenedoras no podrán certificar instalaciones o revisiones que no hayan sido realizadas por ellas mismas.

Para que la empresa instaladora pueda prestar sus servicios en la comunidad autónoma, debe habilitarse mediante **una declaración** en la que se certifique:

> **a)** Relación de equipos y sistemas de protección necesarios para desempeñar las labores de mantenimiento para las que se tiene la habilitación.

> **b)** Que se cumplan los requisitos establecidos por el Reglamento de instalaciones de protección contra incendios.

> **c)** Que se dispone de los medios materiales y la documentación que acredita que se pueden instalar y/o mantener los sistemas de protección contra incendios adecuadamente.

> **d)** Que, durante el tiempo que se desarrolle la actividad, los medios materiales y la documentación se mantendrá en perfecto estado para su utilización.

> **e)** Que los mantenimientos se van a realizar de acuerdo con los requisitos establecidos en el reglamento, sus anexos y resto de normativa vigente.

En el **artículo 17** del **Real Decreto 513/2017, de 22 de mayo, por el que se aprueba el Reglamento de instalaciones de protección contra incendios,** se establecen las obligaciones que deben cumplir las empresas mantenedoras en relación con los equipos o sistemas sobre los que deben realizar el mantenimiento. Estas obligaciones son:

- Realizar las actividades de mantenimiento a los equipos y sistemas exigidas en el reglamento, de acuerdo con los plazos reglamentarios establecidos. Utilizar piezas originales si su sustitución afecta a la certificación del producto.

- Corregir las deficiencias y/o averías que se produzcan en los equipos o sistemas de los que sea responsable de mantener.
- Entregar un informe al titular en el que se recojan los equipos que no garanticen un correcto funcionamiento, o que no sean adecuados en caso de incendio y que no puedan ser reparados durante el mantenimiento.
- Conservar, al menos cinco años, la documentación justificativa de las operaciones de mantenimiento y reparaciones realizadas en la instalación. En esta documentación debe quedar reflejada la fecha, los resultados, incidencia y equipos sustituidos y cualquier otra indicación importante para asegurar el correcto funcionamiento de la instalación.
- El mantenimiento periódico acompañándolo de las listas de comprobación utilizadas.
- Informar al titular de las próximas fechas en las que se debe volver a revisar la instalación de acuerdo con lo marcado en el Reglamento de instalaciones de protección contra incendios.
- La empresa mantenedora que mantenga los extintores debe colocar, dejando libre la etiqueta del fabricante, una etiqueta en la que se recojan sus datos, fecha de la revisión y cuándo debe ser la próxima.

 **IMPORTANTE**

Todos los certificados de las revisiones de mantenimiento deben ir firmados por el personal cualificado que los ha llevado a cabo, estando a disposición de los organismos oficiales de las comunidades autónomas durante un período mínimo de cinco años, que se contarán desde que se expide el certificado.

 **TAREA 5**

Enric tiene que registrar una empresa de materiales contra incendios y duda si hacerlo como instaladora o mantenedora. Le ha preguntado al responsable del Departamento Técnico, que le ha pedido que le realice una comparativa de las obligaciones que se deben cumplir en cada caso para poder decidir.

¿Puedes ayudarlo indicándole las diferencias existentes entre una empresa instaladora y una mantenedora?

4. Programa de mantenimiento de las instalaciones contra incendios

👉 HILO CONDUCTOR

Aitor y Lucía, mientras están investigando acerca de la normativa que se debe cumplir, y que ellos revisarán más tarde, han decidido aprovechar que el Reglamento de instalaciones de protección contra incendio establece los puntos mínimos que deben revisarse y la periodicidad, lo que los ayudará a generar una plantilla en la que queden recogidos todos los datos, que posteriormente entregarán al propietario de la instalación.

Aunque el reglamento obliga a la realización de inspecciones de las instalaciones de lucha contra el fuego, también establece algunas **excepciones,** entre las que encontramos:

a) Los edificios destinados a uso residencial, viviendas

b) Edificios de uso administrativo cuya superficie construida sea menor que 2.000 m²

c) Los edificios de uso docente cuya superficie construida sea menor que 2.000 m²

d) Edificios destinados a un uso comercial con una superficie construida menor que 500 m²

e) Edificios de pública concurrencia con una superficie construida menor que 500 m²

f) Aparcamientos con una superficie construida menor que 500 m²

📢 RECUERDA

Debe levantarse un acta o certificado de inspección realizado que debe estar a disposición de los servicios competentes de la comunidad autónoma firmado por el técnico titulado que ha realizado la inspección y por el titular de la instalación.

Si en la inspección se detectasen fallos de carácter **muy grave,** estos se pondrán en conocimiento de los servicios competentes de la comunidad autónoma. En caso de que la gravedad de los fallos sea **inferior a muy grave,** se establecerán los plazos en los que estos deben estar corregidos.

El mantenimiento trata de garantizar que los equipos funcionarán correctamente en caso de ser necesarios.

Las operaciones mínimas de mantenimiento y control de los equipos e instalaciones contra incendios se establecen en las **tablas I, II y III** del anexo II del RICPI.

Mientras que las operaciones de mantenimiento recogidas en las tablas I y III son efectuadas por personal propio del fabricante, mantenedor habilitado o personal propio del usuario sin necesidad de que se encuentren habilitados, los trabajos que se establecen en la tabla II deben ser efectuadas obligatoriamente por personal mantenedor habilitado.

De acuerdo con el tipo de equipo o sistema, las operaciones que se deben llevar a cabo y su periodicidad se establecen en las tablas que se incluyen en dicho anexo II.

La señalización contra incendios debe revisarse anualmente para asegurar su correcto funcionamiento.

La **vida útil de las señales fotoluminiscentes** la establece el propio fabricante y, en caso de que no lo haga, se considerará no superior a diez años. La fecha de caducidad de las señales fotoluminiscentes se comienza a contar a partir de su fecha de fabricación, no de la de colocación.

ACTIVIDAD COMPLEMENTARIA

5. Investiga acerca de los requisitos que deben cumplir los operarios cualificados para la instalación y/o mantenimiento de instalaciones de protección contra incendios.

5. Resumen

Todo equipo de protección contra incendios debe pasar por unas revisiones periódicas para tratar de garantizar que, en caso de que sea necesario su uso, este consiga el fin para el que ha sido diseñado.

Tan importante es que los equipos se inspeccionen correctamente como que el personal que lleve a cabo dichas inspecciones conozca la normativa en la que se indican los elementos que se deben inspeccionar y su periodicidad.

Como mínimo, los equipos, sistemas y componentes de un sistema de protección contra incendios deben someterse a las operaciones de mantenimiento establecidas en el Real Decreto 513/2017.

Las empresas instaladoras y mantenedoras, en algunas ocasiones, pueden coincidir, pero ambas tienen establecidas en el Reglamento de instalaciones de protección contra incendios (RIPCI) las condiciones que deben cumplir, el proceso que deben seguir para ser homologadas por los correspondientes departamentos de las comunidades autónomas y poder inscribirse en los registros correspondientes a las empresas instaladoras o mantenedoras.

Las operaciones mínimas que deben realizarse en las tareas de mantenimiento de las instalaciones y equipos de protección contra incendios se establecen en las tablas I, II y III del anexo II del Real Decreto 513/2017, que se pueden agrupar en:

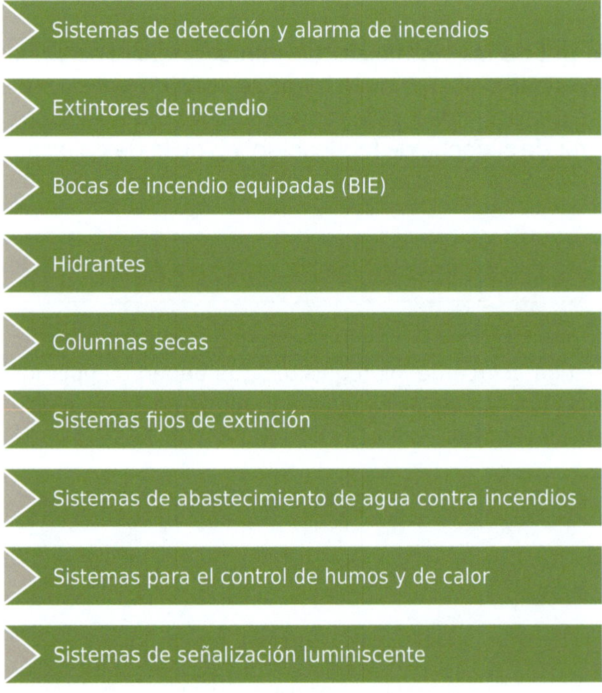

Ejercicios de autoevaluación
Unidad de Aprendizaje 5

1. El mantenimiento de los equipos de protección contra incendios se regula en...

    a. ... el Real Decreto 39/1997.
    b. ... el Real Decreto 485/1997.
    c. ... el Real Decreto 513/2017.
    d. Todas las opciones son correctas.

2. Las operaciones de mantenimiento indicadas en el Reglamento de instalaciones de protección contra incendios tienen la condición de...

    a. ... máximos, pudiendo incrementarse con autorización del organismo responsable de la comunidad autónoma.
    b. ... máximos, no pudiendo realizar más de las indicadas.
    c. ... mínimos, que no pueden ser ampliados.
    d. ... mínimos, que pueden ser ampliados.

3. La obligación de guardar constancia documental de las operaciones de mantenimiento recae sobre...

    a. ... la empresa mantenedora.
    b. ... el operario que ha llevado a cabo la revisión.
    c. ... el titular de la instalación.
    d. Las opciones a y c son correctas.

4. Dentro de las empresas instaladoras, hay una excepción con respecto a la instalación de...

    a. ... los extintores.
    b. ... la central de alarma si tiene conexión a internet.
    c. ... las puertas cortafuegos.
    d. ... los detectores.

5. El Reglamento de instalaciones de protección contra incendios establece con respecto al personal que...

    a. ... no puede utilizar equipos de protección individual.
    b. ... puede intercambiarse con otras empresas de seguridad contra incendios.
    c. ... debe ser ajeno a la empresa.
    d. ... debe pertenecer a la empresa.

6. El seguro de responsabilidad civil que deben suscribir las empresas instaladoras y/o mantenedoras...

    a. debe ser como mínimo de 800.000 €.
    b. ... debe ser como mínimo de 500.000 €.
    c. ... debe ser como máximo de 800.000 €.
    d. ... no tiene límites, la empresa decidirá la cuantía.

7. Si una empresa instaladora o mantenedora emite una certificación de una instalación que ha sido ejecutada por un tercero...

    a. ... puede acarrearles el cese de actividad.
    b. ... debe indicarlo en el certificado.
    c. ... debe notificarlo al organismo responsable de la comunidad autónoma.
    d. ... debe emitir una certificación especial denominada a terceros.

8. Las empresas establecidas en cualquier Estado miembro de la Unión Europea...

    a. ... pueden establecerse si presentan ante los organismos competentes de la comunidad autónoma la solicitud de empresa instaladora y/o mantenedora.
    b. ... exclusivamente pueden actuar en los Estados en los que tengan establecida su razón social.
    c. ... pueden actuar en otros Estados miembros siempre que adquieran una empresa que llevase a cabo este tipo de trabajos.
    d. ... necesitan un certificado de la Comisión Europea para poder instalarse en otros Estados miembro.

9. ¿Cuál de los siguientes objetivos no se corresponde con los que debe desempeñar una empresa instaladora?

    a. Cumplimiento de la normativa establecida en el reglamento.
    b. Asegurar que la documentación de la instalación es correcta.
    c. Instalar los equipos y sistemas, aunque estos no cumplan las disposiciones vigentes de seguridad.
    d. Entregar la documentación técnica, de uso y mantenimiento de los equipos y sistemas una vez instalados.

10. Las empresas mantenedoras deben tener en cuenta que...

    a. ... en el mantenimiento de los extintores deben cumplir la norma UNE 23120.
    b. ... no pueden realizar mantenimiento de bocas de incendio equipadas.
    c. ... las centrales de alarma y los detectores solo pueden probarse cuando no haya personal en el edificio.
    d. ... las hidrantes deben estar protegidas por una lona impermeable.

Aplicación de los conceptos anteriormente tratados sobre la propuesta de casos prácticos

Contenido

Objetivos

El objetivo general de esta Unidad de Aprendizaje es:

→ Aplicar los conceptos teóricos aprendidos en distintos casos prácticos en los que se incorporan los conceptos y procedimientos que se deben tener en cuenta en la seguridad contra incendios en los establecimientos industriales.

Los objetivos específicos de esta Unidad de Aprendizaje son:

→ Reconocer los distintos conceptos que se incorporan en los supuestos prácticos que se desarrollan.

→ Relacionar los conceptos con la aplicación del Reglamento de instalaciones de protección contra incendios.

→ Analizar el ámbito de aplicación del Reglamento de seguridad contra incendios en los establecimientos industriales.

→ Establecer el objeto de un proyecto de instalación de un sistema contra incendios.

1. Introducción

En una gran mayoría de ocasiones, no es suficiente con el conocimiento normativo que afecta a una instalación, sino que se deben llevar a cabo simulaciones que traten de parecerse lo más posible a las situaciones reales.

El conocimiento normativo se puede entrenar en dos aspectos, el teórico, mediante cuestionarios en los que se trate de demostrar el conocimiento de los reglamentos y normativas que son de aplicación, y el práctico, donde se pondrán a prueba dichos conocimientos mediante el análisis y evaluación de las medidas que se aplican, además de, en el caso de que sean incorrectas, establecer las medidas correctoras que garanticen el cumplimiento.

Ahora que Aitor y Lucía han terminado de analizar el Reglamento de seguridad contra incendios en los establecimientos púbicos, quieren integrar todos los contenidos con los que han ido trabajando en un documento que les pueda servir de ayuda en las revisiones que deban llevar a cabo en su trabajo diario.

2. Los proyectos como elemento justificativo de las instalaciones industriales

 **HILO CONDUCTOR**

Un documento con el que Lucía y Aitor están acostumbrados a trabajar es el proyecto de la instalación. Dentro de esta documentación se recoge desde el motivo por el que se realiza, la normativa, general y específica, que le afecta, los cálculos, así como una justificación de los distintos elementos que se han empleado en la instalación.

Toda obra relevante precisa de **un proyecto,** que es el documento en el que se plasman las características propias que le afectan, dependiendo de su temática.

Los proyectos son los encargados de **definir con precisión el objeto de la obra,** de forma que esta pueda ser dirigida y ejecutada por otro técnico distinto al que ha realizado el proyecto.

Los proyectos son el punto de partida de cualquier obra o instalación.

Dentro de todo proyecto, independientemente del sector al que afecte, se pueden encontrar, entre otras, las siguientes secciones:

- **Memoria:** se debe describir el objeto de la obra, incluyendo los antecedentes y la situación, antes de llevar a cabo la ejecución del proyecto, justificando la solución elegida e incorporando todos los factores que se van a tener en cuenta para su ejecución.
- **Planos:** definirán la obra perfectamente, incluyendo los planos de ubicación, situación y todos aquellos que afecten a cualquier servicio independientemente de si es propio o ajeno a la empresa.
- **Pliego de prescripciones técnicas:** se deben describir las obras, estableciendo los plazos de ejecución, así como el control de calidad de los materiales que se utilizarán.
- **Presupuesto:** puede separarse en presupuestos parciales de acuerdo con las instalaciones afectadas, o puede hacerse uno único, aunque en ambos casos deben coincidir las unidades de medición que se establezcan en el pliego de prescripciones técnicas.
- **Plan de obra:** programación estimada de la realización de los trabajos.
- **Estudio de seguridad y salud (ESS):** estudio sobre las medidas de seguridad que se van a seguir en el desarrollo del trabajo.
- **Gestión de residuos:** de acuerdo con el Real Decreto 105/2008, se deben gestionar los residuos que se generen durante la ejecución de los trabajos, debiéndose clasificar los residuos y gestionarse mediante gestores autorizados.
- **Normativa:** listado de normativa que se empleará en la ejecución del proyecto. Es importante no olvidarse de incluir las normativas locales o autonómicas que afecten a la instalación.

 **PARA SABER MÁS**

Puedes acceder a la siguiente página web para saber más sobre los contenidos mínimos que debe incorporar un proyecto, desde aquí:

https://redirectoronline.com/sead227po0601

Para desarrollar esta unidad de aprendizaje volcaremos los contenidos teóricos en un **ejemplo simulado de una memoria descriptiva** correspondiente a la instalación de un sistema contra incendios de una nave industrial ubicada en el polígono industrial Cantabria II de Logroño (La Rioja) que está destinada al almacenamiento de productos electrónicos.

Los casos prácticos nos permiten reconocer los contenidos teóricos en distintos ejemplos.

IMPORTANTE

La memoria descriptiva es un elemento obligatorio establecido en el artículo 19 del Reglamento de instalaciones de protección contra incendios aprobado por el Real Decreto 513/2017.

ACTIVIDAD COMPLEMENTARIA

6. Investiga acerca de los elementos que componen un proyecto básico.

2.1. Objeto del proyecto

El primer elemento que se debe introducir dentro de la memoria descriptiva es el **objeto del proyecto.** Se trata de responder a la siguiente pregunta: ¿qué se pretende conseguir mediante la instalación de un sistema de protección contra incendios?

La mayor parte de las instalaciones contra incendios se realizan para tratar de:

> Garantizar la seguridad en caso de incendio.

> Prevenir la aparición del incendio.

> En caso de que ocurra un incendio, responder adecuadamente evitando su propagación y posibilitando su extinción, con el fin de reducir los daños que puedan ocasionarse tanto en la estructura de la nave como en los bienes almacenados.

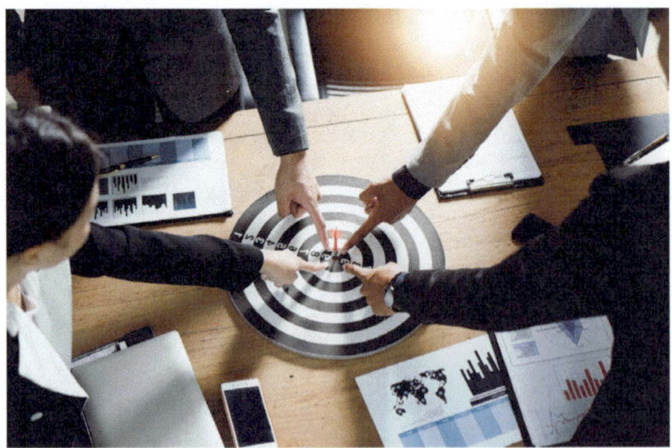

Toda acción empresarial debe establecer el objetivo por el que se lleva a cabo y lo que se pretende conseguir.

2.2. Normativa aplicable

Un apartado importante es el encargado de referenciar la normativa aplicable a la instalación. No tanto por realizar un listado de esta como por definir la que se ha tenido en cuenta a la hora de generar el proyecto.

De esta manera se podrá comprobar de una forma rápida si el proyecto cumple con la normativa vigente o debe modificarse.

Además de la normativa propia del ayuntamiento o comunidad autónoma en la que se ubique la empresa, también se deberán tener en cuenta:

⮕ **Reglamentos:**

- **Reglamento de seguridad contra incendios en los establecimientos industriales (RSCIEI):** este reglamento está aprobado por el R. D. 164/2025, de 4 de marzo y tiene por objeto establecer un grado de seguridad en caso de incendio en los establecimientos industriales, además de prevenir la aparición de los incendios y, en caso de que se produzcan, actuar correctamente frente a ellos.
  Incorpora tres anexos en los que se hace referencia a la caracterización de los establecimientos industriales en relación con la seguridad contra incendios, requisitos constructivos de los establecimientos industriales. En el anexo III se trata de los requisitos que deben cumplir las instalaciones de protección contra incendios en los establecimientos industriales.
- **Reglamento de instalaciones de protección contra incendios (RIPCI):** las condiciones de este reglamento se establecen en el R. D. 513/2017.
  Se incluyen todos los elementos que se deben tener en cuenta en el diseño, instalación y mantenimiento de los sistemas de protección activa contra incendios.
- **Código Técnico de la Edificación (CTE):** el Código Técnico de la Edificación, establecido en el R. D. 314/2006, tiene como misión dar cumplimiento a los requisitos básicos que deben cumplir las edificaciones y que se establecen en la Ley 38/1999 sobre la Ordenación de la Edificación, cuya finalidad es garantizar la seguridad de las personas, el bienestar de la sociedad, la sostenibilidad de la edificación y la protección del medio ambiente.
  Se divide en una primera parte donde se establecen las disposiciones generales y exigencias que deben cumplir los edificios en materia de seguridad y habitabilidad, y otra segunda en la que se establecen los Documentos Básicos (DB), cuyo uso trata de garantizar el cumplimiento de las exigencias básicas del CTE.

- **Código Técnico de la Edificación (CTE):** el Código Técnico de la Edificación, establecido en el R. D. 314/2006, tiene como misión dar cumplimiento a los requisitos básicos que deben cumplir las edificaciones y que se establecen en la Ley 38/1999 sobre la Ordenación de la Edificación, cuya finalidad es garantizar la seguridad de las personas, el bienestar de la sociedad, la sostenibilidad de la edificación y la protección del medio ambiente.

  Se divide en una primera parte donde se establecen las disposiciones generales y exigencias que deben cumplir los edificios en materia de seguridad y habitabilidad, y otra segunda en la que se establecen los Documentos Básicos (DB), cuyo uso trata de garantizar el cumplimiento de las exigencias básicas del CTE.

- **Ley de Prevención de Riesgos Laborales:** siempre que se desempeñe un trabajo, no podemos olvidarnos de la Ley de Prevención de Riesgos Laborales aprobada por la Ley 31/1995, encargada de promover la seguridad y la salud de los trabajadores.

  Ni del Real Decreto R. D. 485/1997, que establece la normativa de señalización sobre seguridad y salud en el trabajo.

⊃ **Normas UNE:**

- **UNE 23007.** Sistemas de detección y de alarma de incendios.
- **UNE 23032.** Seguridad contra incendios. Símbolos gráficos para su utilización en los planos de proyecto, planes de autoprotección y planos de evacuación.
- **UNE 23033.** Seguridad contra incendios. Señalización de seguridad.
- **UNE 23034.** Seguridad contra incendios. Señalización de seguridad. Vías de evacuación.
- **UNE 23035.** Seguridad contra incendios. Señalización fotoluminiscente.
- **UNE 23500.** Sistemas de abastecimiento de agua contra incendios.
- **UNE 23585.** Seguridad contra incendios. Sistemas de control de humo y calor. Requisitos y métodos de cálculo y diseño para proyectar un sistema de control de temperatura y de evacuación de humos (SCTEH) en caso de incendio estacionario.
- **UNE-EN 54-1:2022.** Sistemas de detección y alarma de incendio.

2.3. Descripción de la industria

La nave industrial está destinada al almacenamiento de equipos electrónicos sita en la calle el Almendro 24, en el polígono industrial Cantabria II de Logroño.

La nave industrial tiene una altura de 10 m y ocupa una superficie de 1.225 m², que se reparte de la siguiente manera:

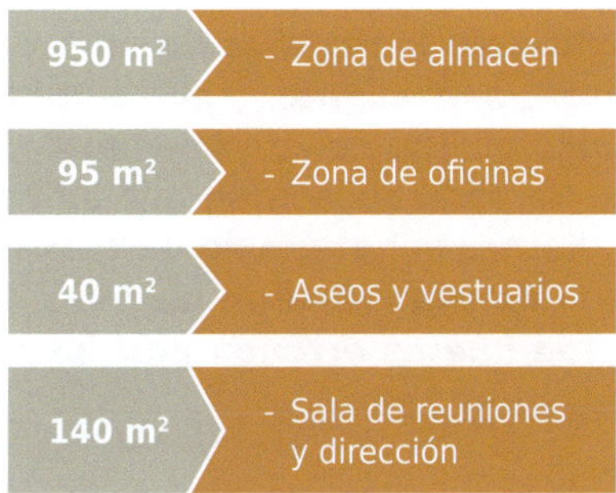

La estructura de la empresa está realizada mediante pórticos metálicos, lo que permite la inexistencia de pilares en la nave. Se favorece así la distribución interior de los departamentos de la empresa de la forma que se considere más acorde.

La actividad de la empresa es uno de los elementos que determina el nivel de riesgo intrínseco.

Las paredes exteriores son de hormigón armado prefabricado revestidas de acero laminado, y la cubierta se ha realizado mediante chapas metálicas de acero galvanizado.

Se calcula que trabajen en esta un total de veintisiete personas.

APLICACIÓN PRÁCTICA

María está finalizando la revisión de un proyecto que tiene que presentar su empresa a un cliente, y que estaba desarrollando una compañera de trabajo que ha cogido unos días de vacaciones. Revisando el proyecto, se ha dado cuenta de que se han incluido distintas normativas, pero, dentro del grupo de normas UNE que hacen referencia a la señalización de seguridad de las instalaciones contra incendios, hay una que cree que es errónea porque no guarda relación con la protección contra incendios.

¿Puedes indicarle qué norma UNE de las siguientes no guarda relación con la señalización de seguridad de las instalaciones contra incendios?

a. **UNE 23033**
b. **UNE 23034**
c. **UNE 23035**
d. **UNE 23036**

Solución

La norma que no guarda relación con la señalización de seguridad contra incendios es la norma UNE 23036, que trata sobre microbiología de la cadena alimentaria.

2.4. Compartimentación

Antes de establecer la compartimentación de la nave industrial, debemos establecer el nivel de riesgo intrínseco, para lo que podemos utilizar la calculadora del INSST, en la que, de acuerdo con los valores de superficie (1.225 m), obtenemos que la nave industrial es de tipo C con un nivel de riesgo intrínseco medio (tipo 4), lo que significa que la densidad de carga de fuego ponderada y corregida se encuentra entre $1.275 < Qs \leq 1.700$ MJ/m^2.

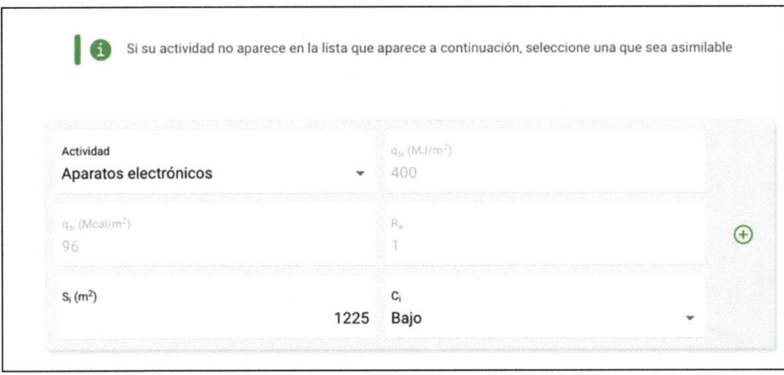

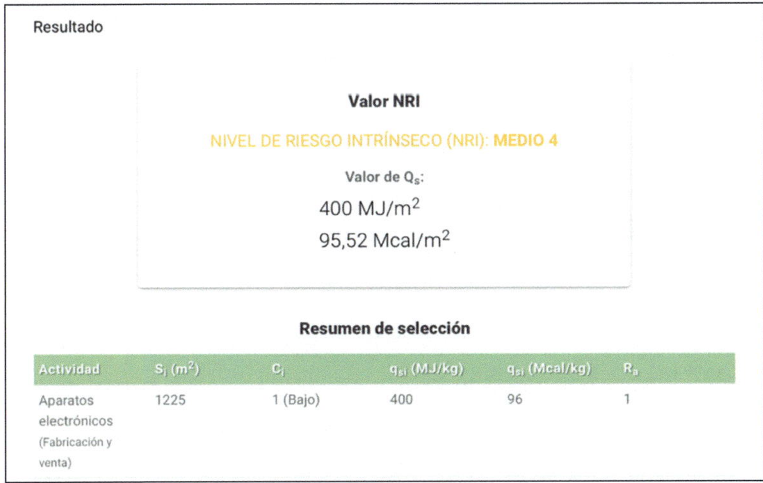

Con respecto a la compartimentación de los establecimientos industriales, el anexo II del Real Decreto 164/2025, establece que todo establecimiento industrial debe constituir, al menos, un sector de incendio o, en su caso, un área de incendio.

La máxima superficie construida admisible de cada sector de incendio será la que se indica en la tabla 2.1.1 del Anexo II. Dicha superficie máxima dependerá del nivel de riesgo intrínseco del sector y del tipo de configuración a la que pertenezca.

Riesgo intrínseco del sector de incendio	Configuración del establecimiento		
	TIPO A (m²)	TIPO B (m²)	TIPO C (m²)
BAJO	(1)-(2)-(3)	(2) (3) (5)	(3) (4)
1	2.000	6.000	SIN LÍMITE
2	1.000	4.000	6.000
MEDIO	(2)-(3)	(2) (3)	(3)(4)
3	500	3.500	5.000
4	400	3.000	8.000
5	300	2.5002	3.500
ALTO		(3)	(3)(4)
6	No admitido	2.000	3.000
7		1.500	2.500
8		No admitido	2.000

Observamos que la nave industrial cumple las disposiciones mínimas establecidas en la superficie máxima de sectorización.

De acuerdo con los datos anteriores, aunque no es obligatorio, podemos compartimentar la nave industrial en dos zonas contra el fuego:

➲ **Zona de oficinas:** en la zona de la zona de oficinas encontraremos:

- Oficinas de los distintos departamentos de la empresa, compras, personal, ventas, recepción, etc.
- Se accede a estas a través del almacén y ocupan una superficie de 95 m².
- Vestuarios, a los que también se accede desde el almacén y que ocupan un espacio de 20 m². Se usarán por las personas trabajadoras para cambiarse la ropa personal por ropa de trabajo facilitada por la empresa.
- Aseos. Se accederá a ellos a través de los vestuarios y ocupan una superficie de 20 m² repartidos en tres aseos.
- Sala de reuniones y dirección. Se dedica a un lugar para reuniones con clientes, proveedores y personal cuando sea necesario, además de incorporar los despachos del director general y los directores de departamentos.

➲ **Zona de almacén:**

- En esta zona se almacenarán los aparatos electrónicos y ocupará una superficie de 950 m².
- Se accede a esta a través de una puerta corredera metálica que dispone de una puerta peatonal para el acceso del personal.

 **TAREA 6**

José está empezando a redactar un proyecto para instalar una red de protección contra incendios. Después de ubicar las instalaciones de la empresa, tiene que establecer el motivo por el que se va a instalar dicho sistema, para cumplimentar el apartado correspondiente al objeto del proyecto.

¿Puedes sugerirle algún motivo por el que se instalan los sistemas de protección contra incendios en los establecimientos industriales?

2.5. Materiales

Los materiales que se empleen en la construcción deben mantener la capacidad portante durante un tiempo mínimo expresado en minutos.

El hormigón armado tiene una estabilidad al fuego de 240 min (EF-240). De acuerdo con la tabla 2.2 del anexo II del Reglamento de seguridad contra incendios en los establecimientos comerciales, en nuestra empresa de tipo c con un riesgo intrínseco medio obtenemos que el material constructivo debe tener una estabilidad al fuego de al menos 60 min (EF-60), por lo que se cumple el requisito exigido en la tabla.

Nivel de riesgo intrínseco	TIPO A		TIPO B		TIPO C	
	Planta sótano	Planta sobre rasante	Planta sótano	Planta sobre rasante	Planta sótano	Planta sobre rasante
BAJO	R 120	R 90	R 90	R 60	R 60	R 30
	(EF-120)	(EF-90)	(EF-90)	(EF-60)	(EF-60)	(EF-30)

Continúa en página siguiente >>

<< Viene de página anterior

Nivel de riesgo intrínseco	TIPO A		TIPO B		TIPO C	
	Planta sótano	Planta sobre rasante	Planta sótano	Planta sobre rasante	Planta sótano	Planta sobre rasante
MEDIO	No admitido	R 120	R 120	R 90	R 90	R 60
		(EF-120)	(EF-120)	(EF-90)	(EF-90)	(EF-60)
ALTO	No admitido	No admitido	R 180	R 120	R120	R 90
			(EF-180)	(EF-120)	(EF-120)	(EF-90)

Para las cubiertas, debemos acudir a la tabla 2.3 del mismo anexo.

Nivel de riesgo intrínseco	Tipo B	Tipo C
	Sobre rasante	Sobre rasante
Riesgo bajo	R15 (EF-15)	No se exige
Riesgo medio	R 30 (EF-30)	R15 (EF-15)
Riesgo alto	R 60 (EF-60)	R30 (EF-30)

El valor que se exige a los elementos estructurales no debe ser inferior al exigido al conjunto del edificio, que en nuestro ejemplo es EF-240, que se corresponde con la estabilidad al fuego de la estructura.

2.6. Instalación de protección contra incendios

Dentro de este apartado se describirán técnicamente todos los elementos instalados para la protección y extinción de los incendios de acuerdo con los datos justificados en el apartado "Cálculos del proyecto", de forma que se asegure el cumplimiento de las normativas y reglamentos que les afectan.

Para desarrollar este apartado, y no pasar por alto ninguno de los elementos que componen la instalación de protección contra incendios, nos podemos guiar por el anexo III del Reglamento de seguridad contra incendios en los establecimientos industriales, en el que se establecen los requisitos dotacionales de instalaciones de protección activa contra incendios de los establecimientos industriales.

Para la ubicación de los equipos de protección contra incendios se deben tener en cuenta distintas normativas.

El anexo III hace referencia a los siguientes equipos:

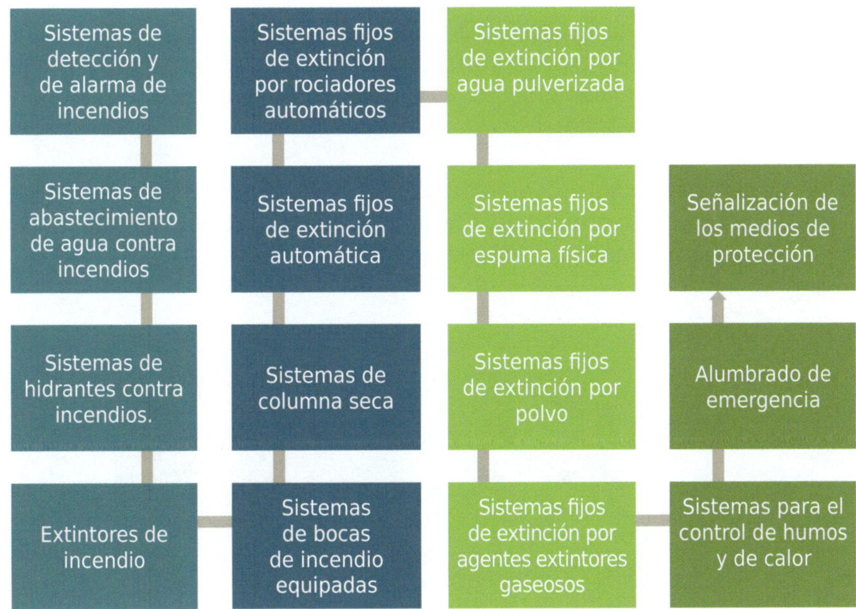

Sistemas de detección y de alarma de incendios

Los sistemas de detección y de alarma de incendios consistirán en dispositivos para la activación automática (detectores) y/o dispositivos para la activación manual (pulsadores manuales de alarma), conectados a un equipo de control e indicación y a dispositivos de alarma.

Se instalarán sistemas de detección y alarma con dispositivos para activación automática y manual (detectores y pulsadores) en los sectores de incendio de establecimientos industriales cuando se desarrollen:

⮞ Actividades de fabricación y otros procesos similares, tales como producción, transformación, reparación u otras distintas al almacenamiento.
⮞ Actividades de almacenamiento, en configuraciones de tipo A_V o A_H, B y C.

Si no se requiere la instalación obligatoria de sistemas de detección, se deben instalar sistemas de detección y alarma manuales en los sectores de incendio con una superficie de 400 m⊠ o más.

Es obligatoria la instalación de sistemas automáticos de detección de incendios para los edificios de tipo C cuyo nivel intrínseco sea de tipo medio, destinados al almacenamiento de productos cuya superficie total construida sea superior a 3.500 m^2.

Al ser la superficie de nuestra nave (1.225 m^2) de un tamaño menor que la indicada por la normativa (1.500 m^2) no se considera necesario disponer de sistemas automáticos de detección de incendios.

Los pulsadores deben colocarse estratégicamente y ser accesibles en todo momento.

Sistemas de abastecimiento de agua contra incendios

Se procederá a la instalación de un sistema de abastecimiento de agua contra incendios cuando sea necesario para proporcionar servicio acorde con las condiciones de caudal, presión y reserva requeridas a uno o varios sistemas de protección contra incendios. Estos pueden incluir sistemas como bocas de incendio equipadas (BIE), hidrantes, rociadores automáticos, agua pulverizada, espuma física, entre otros, o bien si así lo estipulan las normativas vigentes que regulan actividades industriales sectoriales o específicas.

Cuando varios establecimientos industriales comparten el mismo sistema de abastecimiento para protección contra incendios, este debe ser diseñado para la demanda más exigente, considerando escenarios de incendio alternativos y excluyentes. Además, se debe asegurar su correcto mantenimiento y accesibilidad en todo momento por parte de los titulares de los diferentes establecimientos que lo compartan.

Los sistemas de abastecimiento de agua deben ubicarse en un habitáculo exclusivo.

Sistemas de hidrantes contra incendios

Se instalarán hidrantes exteriores contra incendios si se cumplen las condiciones del anexo III o según lo exijan las normativas vigentes para actividades industriales específicas.

Se diferencian dos tipos de hidrantes: Hidrantes para el llenado de camiones e hidrantes de impulsión directa.

La función principal de estos hidrantes es el llenado de los camiones cisterna de los Servicios de Extinción de Incendios y Salvamento.

Atendiendo a la tabla 3.3.1 del Anexo III que hace referencia a la obligatoriedad de la existencia de los hidrantes para el llenado de camiones, obtenemos que en nuestro caso no es necesario disponer de ellos.

Configuración de la zona de incendio	Superficie del sector o área de incendio (m^{2Rie})	Riesgo Intrínseco Instalación de hidrantes exteriores		
		Bajo	Medio	Alto
A_V		NO	SÍ	--
		SÍ	SÍ	--
A_H		NO	SÍ	SÍ
		SÍ	SÍ	SÍ
B		NO	NO	SÍ
		NO	SÍ	SÍ
		SÍ	SÍ	SÍ
C		NO	NO	SÍ
		NO	SÍ	SÍ
		SÍ	SÍ	SÍ
D		SÍ	SÍ	SÍ

De acuerdo con la tabla anterior, si nuestra empresa de tipo C ocupa una superficie de 1.225 m², podemos comprobar que no es necesario instalar un sistema de hidrantes exteriores.

El mantenimiento de los hidrantes es responsabilidad de la propiedad del establecimiento industrial.

Extintores de incendio

Es obligatorio instalar extintores portátiles en todas las áreas de incendio de establecimientos industriales, excepto en zonas de almacenamiento operadas automáticamente donde no tienen acceso las personas.

El agente extintor utilizado se seleccionará de acuerdo con el epígrafe relativo a extintores del anexo I del RIPCI.

 ## PARA SABER MÁS

Puedes acceder a una explicación sobre los distintos tipos de fuegos y la selección del equipo contra incendios adecuado, desde aquí:

https://redirectoronline.com/sead227po0608

Para seleccionar la eficacia del extintor y el área máxima protegida debemos fijarnos en la tabla 3.4.1.del Anexo III de acuerdo al grado de riesgo intrínseco.

Grado de riesgo intrínseco del sector de incendio	Eficacia mínima del extintor	Área máxima protegida del sector de incendio
Bajo	21A	Hasta 600 m² Un extintor más por cada 200m², o fracción, en exceso
Medio	21A	Hasta 400 m² Un extintor más por cada 200 m², o fracción, en exceso
Alto	34A	Hasta 300 m² Un extintor más por cada 200 m², o fracción, en exceso

Los extintores portátiles deben ser visibles, accesibles y ubicados cerca de áreas con alta probabilidad de incendio. La distancia máxima desde cualquier punto del sector hasta el extintor no debe superar los **15 metros.**

NOTA

Los extintores deben seleccionarse correctamente atendiendo al tipo de fuego que deban apagar.

Sistemas de bocas de incendio equipadas

Para configurar este apartado se deben respetar las indicaciones del punto 5 del Anexo III en el que se recogen los casos en los que se deben instalar sistemas de bocas de incendio equipadas (BIE) para los distintos sectores de incendio, atendiendo a la configuración de la edificación.

De acuerdo con el apartado 5.1., aquellos establecimientos industriales ubicados en edificios de tipo C cuyo nivel de riesgo intrínseco se catalogue en un tipo medio y su superficie total construida sea de 1.000 o más m^2 deberán instalar bocas de incendio equipadas.

Esta condición obliga a que debamos disponer de un sistema de bocas de incendio equipadas que cumplan las características establecidas en el apartado 5.1.

NIVEL DE RIESGO INTRÍNSECO DEL ESTABLECIMIENTO INDUSTRIAL	TIPO DE BIE
BAJO	DN 25 mm
MEDIO	DN 45 mm
ALTO	DN 45 mm

Sistemas de columna seca

De acuerdo con el punto 6 del anexo III del Reglamento de seguridad contra incendios en los establecimientos industriales, deben instalarse sistemas de columna seca en los establecimientos industriales si su altura de evacuación es de 15 metros o superior.

Nuestra industria tiene un nivel intrínseco medio, la altura de evacuación se ha definido a ras de suelo, por lo que no es obligatoria la instalación de sistemas de columna seca.

 **NOTA**

Las columnas secas sirven para llevar los agentes extintores a puntos de la instalación a los que los equipos de extinción tienen dificultades para llegar.

Sistemas fijos de extinción automática

Se instalarán sistemas fijos de extinción automática, tales como sistemas de rociadores automáticos, en las áreas designadas de incendio cuando se presente actividad en dichos sectores.

Sistemas fijos de extinción por agua pulverizada

Se instalarán sistemas de agua pulverizada cuando sea necesario refrigerar partes del riesgo para mantener la estabilidad de su estructura y prevenir los efectos del calor de radiación de otros riesgos cercanos. También se instalarán en áreas donde las disposiciones vigentes de protección contra incendios en actividades industriales lo requieran.

 **IMPORTANTE**

Los rociadores, una vez utilizados, deben sustituirse.

Sistemas fijos de extinción por espuma física

Se instalarán sistemas de espuma física en áreas de incendio según las disposiciones vigentes de protección contra incendios en actividades industriales. Al instalar estos sistemas, se debe verificar que sean adecuados para el riesgo a proteger, conforme a sus especificaciones.

Los sistemas de extinción por espuma "ahogan" al incendio al dejarlo sin oxígeno, con lo que se detiene la combustión de los elementos.

Sistemas fijos de extinción por polvo

Se procederá a la instalación de sistemas de extinción por polvo en los sectores donde sea requerida su implementación, conforme a las disposiciones vigentes que regulan la protección contra incendios en actividades industriales específicas o sectoriales.

Sistemas fijos de extinción por agentes extintores gaseosos

Se instalarán sistemas de extinción automática con agentes gaseosos en sectores industriales que alberguen equipos eléctricos, electrónicos, centros de cálculo, bancos de datos o centros de control. Estos sistemas se aplicarán cuando el uso de agua pueda dañar los equipos y según las disposiciones vigentes sobre protección contra incendios en actividades industriales. La seguridad y evacuación de las personas deben estar garantizadas; de lo contrario, se debe optar por otro sistema de extinción.

NOTA

Los sistemas de extinción por agente gaseoso deben preavisar antes de lanzar el agente extintor.

Sistemas para el control de humos y de calor

La eliminación de humos y gases de combustión, junto con el calor generado, debe hacerse según la volumetría, riesgo y características del movimiento del humo en los sectores de incendio de establecimientos industriales.

Alumbrado de emergencia

El alumbrado de emergencia deberá cumplir con los requisitos de seguridad frente a iluminación inadecuada del CTE DB-SUA 4.

Dicho alumbrado debe cumplir los siguientes requisitos:

a. Será fijo y tendrá fuente propia de energía, entrando automáticamente en funcionamiento al producirse un fallo del 70 % de la tensión nominal de servicio.
b. Funcionará en condiciones normales como mínimo durante una hora desde que se produzca el fallo.
c. Como mínimo, en los recorridos de evacuación proporcionará una iluminancia de 1 lux mínimo a nivel del suelo.
d. El nivel mínimo de iluminancia será de 5 lux
e. La iluminación proporcionada en los distintos puntos se calculará entre el cociente de las iluminancias máxima y mínima cuyo valor no podrá ser menor de 40.

Señalización de los medios de protección

Los equipos de protección contra incendios de uso manual, como extintores, pulsadores de alarma, bocas de incendio equipadas (BIE) e hidrantes, deben estar correctamente señalizados para asegurar su fácil localización.

- Las salidas de uso habitual y los medios de protección contra incendios se deben señalizar cuando no sean fácilmente localizables de acuerdo con lo indicado en el Real Decreto 485/1997, de 14 de abril, sobre disposiciones mínimas en materia de señalización de seguridad y salud en el trabajo.
- En nuestra nave industrial se deben señalizar las salidas y vías de evacuación, así como los elementos de protección contra incendios teniendo en cuenta las indicaciones de dicho real decreto, además de la normativa UNE 23033, UNE 23034 y UNE 23035, que establecen los requerimientos exigidos para los elementos de señalización fotoluminiscente.
- Para la señalización se respetarán los correspondientes colores de seguridad estandarizados para la lucha contra incendios, es decir, serán señales rectangulares o cuadradas, con el pictograma blanco y con fondo rojo.

 **EJEMPLO**

Puedes acceder a distintos ejemplos de proyectos sobre instalaciones contra incendios, desde aquí:

Proyecto de instalación contra incendios para parada de transporte regular de viajeros	Proyecto de instalación de protección contra incendios de un establecimiento industrial dedicado a la fabricación de harinas

https://redirectoronline.com/sead227po0602	*https://redirectoronline.com/sead227po0603*

Continúa en página siguiente >>

<< Viene de página anterior

Proyecto de instalación de protección contra incendios de un Instituto de Educación Secundaria	Proyecto de Instalación de protección contra incendios en una subestación eléctrica

https://redirectoronline.com/sead227po0604	*https://redirectoronline.com/sead227po0605*

3. Resumen

Para agrupar la información acerca de una instalación, podemos apoyarnos en los proyectos, que son los elementos encargados de recoger toda la documentación de las instalaciones, justificando los materiales que se utilizan en esta.

Los proyectos se organizan habitualmente en los siguientes apartados:

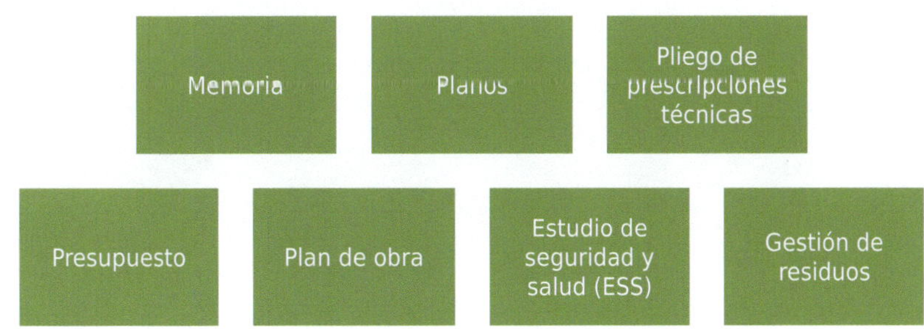

Los objetivos que se persiguen al instalar un sistema contra incendios son:

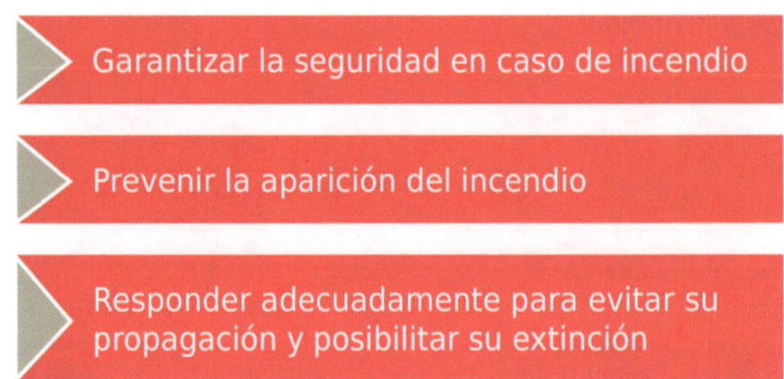

No debemos olvidar que, tanto en la fase de proyecto como en la instalación de los equipos, se debe tener en cuenta la normativa vigente, que podemos resumir en:

Reglamentos	Normas UNE
- Reglamento de seguridad contra incendios en los establecimientos industriales (RSCIEI) - Reglamento de instalaciones de protección contra incendios (RIPCI) - Código Técnico de la Edificación (CTE) - Ley de Prevención de Riesgos Laborales	- UNE 23007 - UNE 23032 - UNE 23033 - UNE 23034 - UNE 23035 - UNE 23500 - UNE 23585 - UNE-EN 54-1:2022

Dentro de una instalación contra incendios podemos encontrar los siguientes equipos:

Sistemas de detección y de alarma de incendios
Sistemas fijos de extinción por rociadores automáticos
Sistemas fijos de extinción por agua pulverizada
Sistemas de abastecimiento de agua contra incendios
Sistemas fijos de extinción automática
Sistemas fijos de extinción por espuma física
Señalización de los medios de protección
Sistemas de hidrantes contra incendios.
Sistemas de columna seca
Sistemas fijos de extinción por polvo
Alumbrado de emergencia
Extintores de incendio
Sistemas de bocas de incendio equipadas
Sistemas fijos de extinción por agentes extintores gaseosos
Sistemas para el control de humos y de calor

Ejercicios de autoevaluación
Unidad de Aprendizaje 6

1. El marco normativo se establece en...

    a. ... el aspecto personal.
    b. ... el aspecto práctico.
    c. ... el aspecto teórico
    d. Las opciones b y c son correctas.

2. El documento en el que se recogen las características propias de las instalaciones se denomina...

    a. ... manual de condiciones técnicas.
    b. ... manual de la instalación.
    c. ... manual de mantenimiento.
    d. ... proyecto.

3. La memoria descriptiva es un documento...

    a. ... obligatorio.
    b. ... opcional según la comunidad autónoma.
    c. ... obligatorio en empresas de más de veinticinco trabajadores.
    d. Las opciones a y c son correctas.

4. Dentro de un proyecto, un elemento que no se incluye son:

    a. Los cálculos realizados.
    b. Los datos de la empresa redactora del proyecto.
    c. Los estudios de seguridad y salud en el trabajo.
    d. Los pliegos de condiciones técnicas que debe cumplir.

5. La normativa que establece la obligatoriedad de un proyecto es el...

    a. ... Real Decreto 164/2025.
    b. ... Real Decreto 513/2007.
    c. ... Real Decreto 513/2017.
    d. Las opciones a y c son correctas.

6. Entre los objetivos que se pretenden mediante la instalación contra incendios se encuentran:

    a. Asegurar su propagación y evitar su extinción.
    b. Cumplir la normativa europea contra incendios.
    c. Evitar su propagación y garantizar su extinción.
    d. Evitar su propagación y posibilitar su extinción.

7. El mantenimiento de las instalaciones contra incendios depende...

    a. ... del Real Decreto 31/1995.
    b. ... del Real Decreto 314/2006.
    c. ... del sistema de calidad implantado en la empresa.
    d. ... el Real Decreto 513/2017.

8. Uno de los primeros puntos que se deben especificar en el apartado "Memoria descriptiva del proyecto" se encuentra...

    a. ... el motivo por el que se lleva cabo la instalación.
    b. ... la descripción de la industria.
    c. ... las ayudas que ha recibido en los últimos tres años.
    d. ... una imagen con los planos de la ubicación de la empresa para compararla una vez realizada la instalación.

9. Un elemento básico para realizar los cálculos de la instalación es:

    a. El nivel de riesgo intrínseco.
    b. La calculadora del Instituto Nacional de Seguridad y Salud en el Trabajo.
    c. La calidad de los materiales constructivos.
    d. La cantidad de personas trabajadoras que se van a contratar y los tipos de contratación.

10. Para llevar a cabo los cálculos de la instalación contra incendios, se deben tener en cuenta...

    a. ... los artículos establecidos en el capítulo I del Reglamento de seguridad contra incendios en los establecimientos industriales.

b. ... los artículos establecidos en el capítulo II del Reglamento de seguridad contra incendios en los establecimientos industriales.
c. ... los artículos establecidos en el capítulo III del Reglamento de seguridad contra incendios en los establecimientos industriales.
d. ... los artículos establecidos en el capítulo IV del Reglamento de seguridad contra incendios en los establecimientos industriales.

Glosario

Agente extintor

Sustancia que, por sus propiedades físicas o químicas, se utiliza en la extinción del fuego.

Boca de incendio equipada (BIE)

Instalación fija de protección contra incendios que está conectada a la red de abastecimiento de agua. En su interior se alojan todos los elementos necesarios para su utilización (manguera, devanadera, válvula y lanza boquilla).

Comburente

Cuerpo gaseoso que ayuda a que el combustible arda. El más habitual es el oxígeno.

Detector

Elemento del sistema de detección de incendio que, mediante un sensor, controla continuamente la ausencia de incendios, y que, en caso de producirse, emite una señal a la centralita para que informe al centro de control y señalice donde se ha producido el incendio.

Empresa instaladora

Empresa autorizada que únicamente instala los equipos de control contra incendios, asegurando su correcto funcionamiento inicial.

Empresa mantenedora

Empresa encargada de asegurar que los elementos del sistema contra incendios cumplen sus funciones. Debe realizar, como mínimo, las operaciones de mantenimiento incluidas en el anexo II del Real Decreto 513/2017, por el que se aprueba el Reglamento de instalaciones de protección contra incendios.

Fotoluminiscencia

Propiedad que debe cumplir la señalización de emergencia y que consiste en que las señales sean visibles en la oscuridad.

Hidrante

Equipo destinado al suministro de agua mediante un sistema de apertura y cierre. Podemos encontrarlo de tres tipos diferentes; columna húmeda, columna seca y bajo tierra.

Incendio

Fuego de grandes dimensiones que, intencionada o fortuitamente, destruye elementos.

Marcado CE

Marcado de fabricación que garantiza que el producto es conforme a la normativa aplicable establecida por la legislación comunitaria europea.

Nave industrial

Edificio de uso industrial en el que se producen o almacenan bienes industriales. Habitualmente, en su interior se encuentra el personal, las máquinas de trabajo, los medios de transporte, etc.

Protección activa

Elementos destinados a apagar el fuego. Dentro de este grupo encontramos los extintores manuales, los rociadores, las mangueras, etc.

Protección pasiva

Elementos destinados a tratar de evitar que se inicie el fuego o que extienda su acción sobre el resto de los elementos de la instalación.

Rociadores

Sistemas de extinción de incendios asociados a los sistemas de extinción mediante agua que se colocan en las tuberías de forma que con el calor del fuego se abren, permitiendo la salida del agua destinada a apagar el incendio.

Bibliografía

Monografías

→ ALCÁZAR Padilla, J. R.: *Seguridad contra incendios (gestión del incendio estructural).* Traverse City, Michigan: Independently Published, 2020.

> Este libro recorre los distintos elementos que comprende un sistema de gestión de la seguridad contra los incendios en lo referente a la estructura de los edificios.

→ BARRENETXE, O.: *Protección y seguridad contra incendios: facilitar la evacuación. Facilitar la extinción del incendio.* Buenos Aires: CP67, 2021.

> Libro que analiza la protección integral del edificio en caso de incendio.

→ LÓPEZ Correa, M. A.: *Sistemas de abastecimiento de agua contra incendios: manual de ayuda al técnico de mantenimiento.* Sevilla: Punto Rojo Libros, 2021.

> Este libro quiere ayudar a los técnicos de mantenimiento en la mejora del conocimiento de las instalaciones de abastecimiento de agua contra incendios.

Legislación

→ Ley 31/1995, de 8 de noviembre, de prevención de Riesgos Laborales.

> Ley de obligado cumplimiento centrada en la protección de los riesgos laborales a los que se exponen las personas trabajadoras al desempeñar sus labores.

→ Real Decreto 513/2017, de 22 de mayo, por el que se aprueba el Reglamento de instalaciones de protección contra incendios.

> Real Decreto, complementario al Reglamento sobre seguridad contra incendios en los establecimientos industriales, que regula aspectos relacionados con la seguridad contra incendios de materiales y medios de extinción.

→ Real Decreto 314/2006, de 17 de marzo, por el que se aprueba el Código Técnico de la Edificación.

> Es recomendable realizar una lectura completa del Real Decreto 314/2006 para conocer y analizar los distintos aspectos que se regulan en este sobre la edificación.

→ Real Decreto 164/2025, de 4 de marzo, por el que se aprueba el Reglamento de seguridad contra incendios en los establecimientos industriales.

> Real Decreto que regula el Reglamento de seguridad contra incendios en los establecimientos industriales, en el que se establecen las características y condiciones que deben cumplir los establecimientos industriales en la protección contra incendios.

Publicaciones y páginas web *online* con recursos:

→ Calculadora del nivel de riesgo intrínseco de la seguridad contra incendios en los establecimientos industriales, de:
<https://herramientasprl.insst.es/seguridad/seguridad-contra-incendios>.

> Herramienta del Instituto Nacional de Seguridad y Salud en el Trabajo en la que, conociendo la actividad y la superficie de la instalación, podemos obtener el nivel de riesgo intrínseco de manera automática.

→ Página oficial del Código Técnico de la Edificación de España, de:
<https://www.codigotecnico.org/>.

> Página sobre el Código Técnico de la Edificación en la que se recogen sus novedades y permite el acceso a distintas normativas relacionadas con el CTE.

→ Página oficial de la Normativa UNE-Normalización Española, de:
<https://www.une.org>.

> Página oficial sobre la normativa UNE que permite consultar la vigencia de las distintas normativas. Si se desea acceder a cualquiera de ellas, debe comprarse en la tienda habilitada al efecto.

→ Plan de actuación frente a emergencias en la pyme y micropyme, de:
<https://www.cej.es/portal/asesoramientoprl/plan-actuacion.html>

> Manual interactivo y descargable donde se repasan los elementos que se deben tener en cuenta para establecer el plan de actuación frente a emergencias en las pequeñas y medianas empresas.